LETTRES

SUR

LA BOTANIQUE,

PAR J. J. ROUSSEAU.

PARIS.

BEAUJOUAN, ÉDITEUR,

PLACE SAINT-ANDRÉ DES ARTS, 32.

1837

autres concurrens, s'ils parviennent à obtenir un tiers des voix viriles de la totalité des électeurs appelés à voter, quel que puisse être le nombre des voix que les autres auront obtenues.

447. Mais s'il arrivait que quelqu'un desdits candidats ne parvint pas à obtenir un tiers des voix, il sera censé avoir perdu, par ce seul fait, le droit de continuer dans l'exercice de l'emploi; et il sera immédiatement remplacé par celui qui occupera la

LETTRES
SUR LA BOTANIQUE.

PARIS, IMPRIMERIE DE Mme HUZARD,
Rue de l'Éperon, 7.

LETTRES

SUR LA BOTANIQUE,

PAR J.-J. ROUSSEAU,

PRÉCÉDÉES

D'UN PRÉCIS ÉLÉMENTAIRE DE CETTE SCIENCE,

PAR L. GIRAULT.

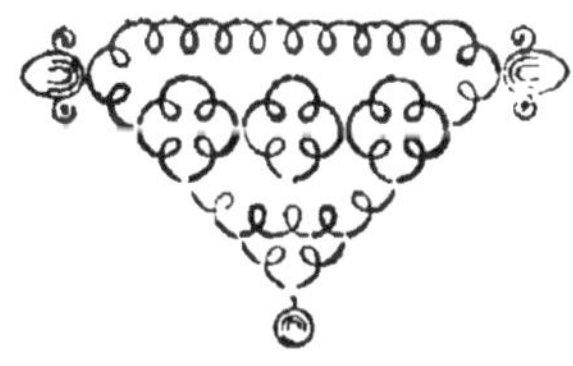

PARIS,

BEAUJOUAN, ÉDITEUR,

32, place Saint-André-des-Arcs.

PRÉAMBULE.

« Les plantes semblent avoir été semées avec profusion sur la terre, comme les étoiles dans le ciel, pour inviter l'homme par l'attrait du plaisir et de la curiosité à l'étude de la nature. Mais les astres sont placés loin de nous : il faut des connaissances préliminaires, des instruments et des machines pour les atteindre et les rapprocher à notre portée. Les plantes y sont naturellement : elles naissent à nos pieds pour ainsi dire, et si la petitesse de leurs parties essentielles les dérobe quelquefois à la simple vue, les instruments qui les y rendent sont d'un bien plus facile usage que ceux de l'astronomie. »

La botanique est l'étude favorite des ames sensibles et méditatives. Il y a dans cette occupation un charme qui dans l'absence des grandes passions suffit pour rendre la vie heureuse et douce. Le botanophile erre avec délices dans les lieux les plus arides comme dans les campagnes les plus fleuries. Il fait partout la revue de chaque fleur avec intérêt et curiosité ; et sitôt qu'il commence à saisir les lois de leur structure il goûte à les observer un plaisir sans fatigue, toujours nouveau, et qui s'accroît encore lorsque, de la considération de plusieurs plantes isolées, il s'élève à la contemplation de l'harmonie qui existe dans le vaste ensemble du règne végétal.

Pendant longtemps la botanique n'a été qu'une étude systématique de mots et de médicaments; c'est Jean-Jacques qui le premier en fit une étude de plaisir et d'agrément Il appartenait au sublime génie qui rappela les mères aux devoirs doux et sacrés de la maternité de mettre à leur portée l'étude paisible du plus aimable des règnes de la nature.

Nous avons fait précéder les lettres de Rousseau par un Précis élémentaire de botanique, et nous les avons fait suivre d'un petit Dictionnaire de cette science d'après J.-J. Rousseau, Richard, Gerardin et Desvaux, etc. Le lecteur aura donc dans ce volume l'ouvrage le plus portatif, le moins coûteux, et peut-être le plus intéressant qui ait été publié sur cette aimable science, et qui lui servira d'introduction à l'abrégé des *Etudes de la Nature* de Bernardin de Saint-Pierre, que nous venons de publier en deux volumes du même format.

PRÉCIS

DE BOTANIQUE.

CHAPITRE I.

La botanique est l'histoire naturelle des végétaux : elle consiste dans la connaissance de leurs développements, de leur organisation, de leurs rapports, des caractères essentiels qui distinguent chaque espèce et des divers groupes que les botanistes appellent classes, ordres, familles et genres, etc. Pour l'étudier avec facilité on l'a divisée en trois genres d'étude : 1° *l'anatomie végétale,* qui détermine les organes des plantes, leur forme, leur position, leurs rapports réciproques, et en tire des caractères distinctifs ; 2° la *physiologie* ou physique végétale, qui s'occupe de tous les phénomènes de la végétation ; 3° la *taxonomie*, ou connaissance des classifications des plantes d'après l'examen et la comparaison de leurs organes.

Les animaux croissent, vivent et sentent ; les

végétaux croissent et vivent seulement; tous leurs organes se rapportent donc à deux espèces bien distinctes: *Organes nutritifs* et *organes reproducteurs*. Les premiers sont la racine, la tige, les feuilles, les supports; les seconds, les fleurs, le fruit. Le végétal qui possède tous ces organes est un végétal parfait; celui qui n'en a que quelques uns est un végétal imparfait.

Organes nutritifs.

LA RACINE.

La racine soutient la plante, la fixe au sol et y pompe les sucs qui servent à la nourrir.

On distingue trois parties dans la racine: le *collet*, partie supérieure placée ordinairement un peu au dessus du sol, et d'où naît la tige; le *corps de la racine*, partie inférieure au collet, qui sert de réservoir aux sucs pompés par le chevelu; les *radicules*, ou *chevelu*, réunion de fibres fort déliées, suçoirs et tubes absorbants de la racine.

On considère comme caractères dans les racines la durée, la forme, la direction.

Sous le rapport de la *durée*, les unes sont *annuelles*, c'est à dire périssent en même temps que les tiges, comme l'orge, le froment; d'autres *bisannuelles*, telles que l'oignon, la carotte;

enfin il y en a de *vivaces*, ce sont celles qui nourrissent les plantes ligneuses ainsi que les plantes herbacées qui végètent un certain nombre d'années en renouvelant leurs tiges à chaque printemps, comme l'asperge, le fraisier, etc.

Relativement à la *forme*, les racines sont ou fibreuses, ou tubéreuses, ou bulbeuses. La racine *fibreuse* est d'un seul jet, ligneux ou charnu, muni en dedans de fibres longitudinales, et au dehors de longs filaments qui le terminent ou le couvrent. La racine fibreuse se subdivise en *fusiforme*, ou imitant la forme d'un fuseau, comme la carotte; en *napiforme*, comme le navet; en *chevelue*, ayant l'aspect d'une touffe de cheveux, le fraisier; en *articulée* ou *noueuse*, le sceau de Salomon, la filipendule; en *fasciculées* ou *griffes*, les renoncules, etc.

La racine *tubéreuse* est irrégulière, charnue, plus grosse qu'à la tige, et donne naissance à d'autres petites racines granulées, qui bientôt égalent en volume la racine principale : exemple, la pomme de terre, le topinambour.

La racine *bulbeuse* est arrondie, succulente et charnue, formée d'écailles plus ou moins serrées, recouverte d'un ou plusieurs téguments, et munie inférieurement de racines fibreuses. La bulbe est nommée *solide* quand les écailles sont serrées, la tulipe; *écailleuse* quand ses écailles se recouvrent comme les tuiles d'un toit, le lis; *tuniquée* quand elle est formée de tuniques qui s'enveloppent mutuellement et en entier comme dans l'oignon.

Quant à la *direction*, la racine est ***rameuse*** si elle se divise en plusieurs branches latérales; *pivotante* si elle a une direction verticale, comme la rave, le chêne; *tronquée* lorsqu'elle ne se termine pas en pointe; *articulée* quand elle a plusieurs nœuds et articulations; *traçante* ou *rampante* si elle s'étend horizontalement de tous côtés, l'iris, le fraisier; *stolonifère* lorsqu'elle pousse des jets rampants qui ont eux-mêmes des racines.

Jamais la racine d'une plante annuelle n'est pivotante.

Les racines ont la même organisation que les tiges; mais elles sont plus humides et plus tendres. Leur épiderme est souvent coloré : il est blanc dans le navet, jaune dans la chélidoine, rouge dans la betterave, la garance, noir dans le radis. Enfin le corps ligneux présente des couleurs variées à l'infini.

Les *fibrines*, ou *chevelu*, sont de véritables pompes aspirantes, munies de suçoirs dont la force est très grande. Elles sont à la racine ce que les feuilles sont au tronc, et leurs fonctions sont parfaitement analogues. Si on plante un jeune arbre la tête en bas, le chevelu devient feuilles et les feuilles deviennent chevelu.

Toutes les plantes n'ont pas leurs racines enfoncées dans la terre: le gui, le lierre, les mousses, etc., implantent les leurs sur le liber ou sur les racines des végétaux aux dépens desquels ils vivent : les plantes de ce genre sont appelées *parasites*. Beaucoup de mousses, de lichens végètent sur les pierres et sur l'écorce ; la lentille d'eau surnage à la surface du liquide sans adhérer à la terre. Dans un petit nombre d'espèces aquatiques, comme certaines conferves, qui absorbent leur nourriture par tous les points de leur surface, la racine manque totalement. Dans les plantes grasses, comme les cierges, elle n'a d'autres fonctions que de fixer au sol le végétal, qui se nourrit uniquement par la succion des tiges et des feuilles. La truffe, que le vulgaire pense être une racine, n'est autre chose qu'un vrai champignon, réuni de tous les organes qui constituent ce singulier végétal.

Les racines se portent naturellement vers les lieux où la terre est meuble et plus substantielle ; souvent elles s'allongent considérablement pour y arriver. Une racine d'acacia, après avoir traversé une cave à la profondeur de soixante pieds, pénétra dans un puits, où elle s'étendit encore. Il n'est point d'obstacles que les racines ne surmontent pour se procurer leur nourriture : elles se plient, s'enfoncent, se recourbent dans toutes les directions pour trouver un passage ; elles percent et minent des murailles ; elles s'insinuent dans les fentes des rochers et quelquefois les font éclater. Rencontrent-elles un cours d'eau, elles s'y plongent en s'y ramifiant, et les remplissent de leurs jets multipliés.

LA TIGE.

La tige est un organe des végétaux qui croît en sens inverse de la racine, et qui, après s'être divisé en branches et en rameaux, porte les feuilles et les organes de la fructification ; c'est elle aussi qui transmet à ces diverses parties les sucs pompés par la racine. Il n'existe point de végétaux qui ne soient pourvus d'une tige ; mais quelquefois cet organe est si peu développé, qu'il paraît ne pas exister. Dans ce cas, on dit que les plantes sont *acaules*, comme la primevère, la mandragore.

La tige étant ligneuse, allongée et munie de rameaux à son extrémité, comme dans les arbres, prend le nom de *tronc* ; on l'appelle *hampe* si elle soutient immédiatement les fleurs sans secours de rameaux : exemple, le plantain, le muguet, l'hyacinthe et une grande partie des antes à oignon; *chaume* quand elle est simple, creuse et entrecoupée de nœuds, le seigle, le froment; et enfin on nomme *stipe* la tige des palmiers qui s'élève en colonne couronnée par ces mêmes feuilles épanouies, dont les pétioles en se réunissant forment le tronc.

On distingue les tiges sous le rapport de leur consistance : on dit qu'elles sont *herbacées* quand elles sont tendres, vertes, et qu'elles meurent tous les ans, c'est ce qu'on appelle herbes en général. Elles sont *sous-ligneuses* lorsqu'elles se convertissent en bois, et on les divise alors en *arbustes* quand elles se ramifient dès leur base et ne portent pas de bourgeons, telles sont les bruyères; en *arbrisseaux* lorsqu'elles se ramifient dès leur base et portent des bourgeons, tels sont le noisetier, le lilas; en *arbres* quand le tronc est nu et ramifié seulement vers la partie supérieure. On nomme *sarmenteuse* la tige qui s'élève au moyen d'appendices qu'on appelle *vrilles* sur les corps voisins, ou se roule autour d'eux, comme la vigne; *grimpante* celle qui se sert pour s'attacher à ces mêmes plantes de petites mains ou crampons, le lierre, le pois, la clématite; *volubile* celle qui s'entortille en spirale autour des corps environnants, le haricot, le liseron. On dit de la tige qu'elle est *couchée* lorsqu'elle s'étend sur la terre sans s'y enraciner, comme la mauve; *rampante* quand elle est tout à fait couchée sur la terre et qu'elle pousse par intervalles de petites racines, le lierre terrestre, la nummulaire; *traçante* lorsqu'elle pousse du pied principal de petites tiges latérales qui s'enracinent et produisent de nouveaux pieds, comme le fraisier.

La tige, quant à la forme, est ordinairement *cylindrique*, comme le lilas, le tilleul, ou *aplatie*, le paturin comprimé; *tranchante* (imitant le sabre), le perce-neige, l'iris graminée; *triangulaire*, les souchets, les carets; *carrée*, le millepertuis, la sauge; *cannelée*, le cierge du Pérou, la bette; *sillonnée*, le panais, la patience; *striée*, n'ayant que des sillons fort légers, la carotte; *articulée*, l'œillet; et enfin *noueuse*, le blé, l'orge, le riz.

La surface des tiges se distingue en *lisse* ou *glabre*, le pavot; *pubescente*, couverte de poils mous et duvetés, le saule blanc; *cotonneuse*, le bouillon-blanc; *laineuse*, la ballotte; *cuisante*, celle dont les poils causent une démangeaison brûlante, l'ortie; *nue*, quand elle n'a ni écaille ni poil; *aiguillonnée*, la rose; *raboteuse*, la bourrache; *pulvérulente*, offrant à sa surface une fine poussière, la vulvaire; *maculée*, couverte de taches, la ciguë.

La structure de la tige des végétaux *monocotylédons* diffère si essentiellement de celle des végétaux *dicotylédons* (1) que la simple vue de cet organe peut nous apprendre à laquelle de ces deux grandes familles appartient la plante.

Dans tous les végétaux dicotylédons, la tige offre à notre attention six parties distinctes entre elles par leurs tissus et leurs couleurs : ce sont l'épiderme, le tissu cellulaire, le liber, l'aubier, le cœur et la moelle.

L'*épiderme* est une membrane mince, diaphane, qui forme l'enveloppe apparente de tout végétal, et qu'on peut enlever facilement sur l'écorce du bouleau. Vu au microscope, il paraît semé d'une infinité de petits pores, qu'on a considérés comme autant de bouches aspirantes et expirantes.

Le *tissu cellulaire* est placé immédiatement sous l'épiderme ; c'est une membrane ordinairement verte, spongieuse, dont la principale fonction est de transmettre au printemps la sève vers les bourgeons ; c'est dans son sein que s'opère la décomposition du gaz acide carbonique absorbé par la plante exposée au soleil.

Le *liber* ou *livret* est un assemblage de feuillets minces et membraneux ; il est placé sous le tissu cellulaire et augmente en raison de l'âge

(1) *Voy.*, page 51, la définition de ces mots.

de la plante ; il doit son nom à la facilité avec laquelle on peut toujours, par la macération, le diviser en feuillets comme ceux d'un livre : les anciens s'en servaient pour écrire.

Au dessous du liber se trouve *l'aubier*, corps mou, blanchâtre, moins dur que le cœur du bois, mais plus consistant que le liber. Dans les bois blancs (le tremble), l'aubier est si abondant, qu'on le distingue à peine du reste de la tige.

Le *cœur* de la tige, ou bois proprement dit, se distingue de toutes les autres parties par sa couleur plus foncée et sa dureté, quoique ce dernier caractère diffère prodigieusement suivant les individus. En effet, le bois de fer, le gaïac ont une dureté métallique, tandis que l'hièble n'offre qu'une consistance herbacée.

La *moelle* est une substance spongieuse logée au centre du végétal ; elle est aux plantes ce que le cœur est aux animaux, quoique leurs fonctions ne soient pas les mêmes. Dans les jeunes arbres, elle est verte, friable ; mais à mesure que les couches ligneuses se superposent, elle change de couleur et devient le plus souvent blanche. Elle est brune dans le noyer, et jaune dans le sumac. La tige des végétaux monocotylédons ne présente ni liber, ni aubier, ni corps ligneux. Depuis le centre jusqu'à la surface extérieure, ce n'est qu'un amas de fibres longitudinales, ligneuses, lisses, flexibles, composées elles-mêmes de fibres plus déliées, se prolongeant de la racine au sommet, et entre lesquelles se glisse une espèce de substance médullaire. Les tiges monocotylédones n'ont d'autre écorce que cette enveloppe desséchée, très apparente sur le tronc des palmiers. Un autre caractère qui leur est propre est tiré de leur mode d'accroissement : la tige qui s'élève au dessus de la surface de la terre porte en naissant toute la grosseur qu'elle doit avoir par la suite. Si l'on mesure la circonférence du palmier qui vient de naître, on se convaincra avec le temps que l'âge ne lui a donné d'autre accroissement que celui de la hauteur. Enfin la différence qui se remarque entre les tiges dicotylédones et les tiges monocotylédones se fait sentir jusque dans les feuilles : les premières sont composées de fibres croisées, et forment un réseau assez compliqué, tandis que les fibres des feuilles des secondes sont toujours droites et parallèles, sans offrir de ramifications ni d'entrelacements.

L'accroissement de la tige en longueur se fait par l'allongement des fibres, tandis que l'accroissement en grosseur se forme par superposition. Les couches du bois sont très distinctes entre elles; et, comme chacune d'elles est le travail d'une année, on peut, en les comptant, connaître l'âge de l'arbre après avoir scié horizontalement le tronc près de la racine.

LES FEUILLES.

Organe essentiel et parure du végétal, ornement du printemps, dont elles annoncent le retour, les feuilles peuvent être ainsi définies, une *expansion de l'écorce* mince, aplatie et de couleur verte. Parmi le petit nombre de plantes qui en sont privées, on ne compte guère que les salicornes, la cuscute, les cactes et quelques joncs. Elles sont composées essentiellement d'un disque, ou partie étalée verte, et souvent d'une queue ou *pétiole*. On remarque dans les feuilles deux surfaces, l'une supérieure et l'autre inférieure. La supérieure est presque toujours lisse, lustrée; la surface inférieure, au contraire, est ordinairement inégale et quelquefois rugueuse, velue, âpre au toucher, et relevée par des nervures saillantes qui divergent à partir du point d'attache de la feuille vers l'extrémité de son contour ou de ses bords, qui tantôt sont unis et d'autres fois sont dentés plus ou moins profondément.

Les feuilles sont *glabres*, sans poils dans l'oranger; *pubescentes*, garnies de poils dans le pommier; *cotonneuses* dans le bouillon-blanc; *soyeuses* dans l'argentine; *visqueuses* dans le seneçon visqueux; *nervées* dans le plantain; *rugueuses* dans la sauge; parsemées de petits points transparents dans le millepertuis, etc.

Les feuilles sont les organes principaux de la nutrition dans les plantes. En effet, par les pores nombreux qu'elles présentent à leur surface, elles servent à l'absorption ou à l'exhalaison des fluides nécessaires ou devenus inutiles à la nutrition de la plante. Elles suppléent encore dans les végétaux au mouvement progressif et spontané des animaux en donnant prise au vent pour agiter les plantes et les rendre plus robustes.

Les feuilles remplissent dans l'atmosphère les mêmes fonctions que les racines dans la terre, aussi les a-t-on nommées racines aériennes. Ce sont aussi des espèces de poumons, car les fluides contenus dans le végétal se portent dans les nervures des feuilles et y subissent par le contact de l'air ambiant des élaborations qui les rendent propres à la nutrition. Mais il est à propos d'observer que la respiration des plantes, ne produisant pas de combustion comme la respiration des animaux, n'élève point leur température. Les poils et ce qu'on nomme les glandes militaires paraissent être autant de suçoirs au moyen desquels les gaz sont introduits dans le tissu des feuilles. Les feuilles des arbres reçoivent et aspirent par leur face inférieure les vapeurs aqueuses qui s'élèvent de la terre. Les feuilles des herbes, plus voisines du sol, et tout entières plongées dans une atmosphère humide, pompent indifféremment leur nourriture par l'une et l'autre surface. Si on pose des feuilles d'arbre sur l'eau par leur face inférieure, elles se conservent saines pendant plusieurs mois; mais, si on les pose par leur face supérieure, elles se fanent en peu de jours. Les feuilles des herbes se conservent longtemps saines dans les deux positions.

La masse des feuilles exerce sur l'air ambiant une action très sensible. Pendant le jour, lorsqu'elles sont frappées par la lumière, l'acide carbonique de l'air, l'azote et une certaine quantité d'oxygène se combinent avec la plante, et la majeure partie de l'oxygène reste à l'état gazeux dans l'air; pendant la nuit, au contraire, ou dans l'obscurité, elles exhalent de l'acide carbonique et absorbent une certaine quantité d'oxygène qu'elles abandonnent le lendemain dès qu'elles sont frappées par la lumière du soleil. Il en résulte que la transpiration des végétaux est saine pendant le jour, et que celle qui se fait pendant la nuit est délétère.

La transpiration des végétaux est considérable. On a trouvé que le grand soleil transpire sept fois plus qu'un homme, et qu'en général cette transpiration est égale à l'absorption des racines. La succion et la transpiration d'une plante augmentent en raison du nombre et de l'étendue de ses feuilles; chez les végétaux qui en sont dépourvus, ces fonctions sont presque totalement suspendues.

Les feuilles sont très sensibles à l'action de la lumière; on sait quelle est leur tendance à se tourner du côté du soleil. Les plantes enfermées dans les serres ou dans les caves se dirigent toujours vers l'endroit d'où vient la lumière. C'est à la combinaison de ce fluide avec l'oxygène qu'elles doivent leur couleur verte, couleur qui est susceptible d'une foule de nuances, qui s'harmonient toujours avec la couleur de la fleur des végétaux ou avec celle du lieu où ils sont destinés à végéter. Toutes les plantes de la mer ont un vert particulier, nommé *glauque;* et on remarque que toutes celles dont le feuillage est terne et d'un vert noirâtre, comme la ciguë, la rue, sont fétides ou vénéneuses.

Avant de se développer, les feuilles sont toujours renfermées dans des bourgeons, où elles sont diversement arrangées les unes à l'égard des autres; mais toujours de la même manière dans les plantes d'une même espèce, d'un même genre, et quelquefois dans tous les genres d'une même famille. Les bourgeons contiennent en miniature les feuilles entières : la nature, par une prévoyance maternelle, les pourvoit d'une espèce d'enduit résineux, épais et gluant dès le moment qu'ils paraissent en dehors de la tige, afin de les protéger contre l'intempérie des saisons et contre les attaques des insectes. A mesure que le bourgeon se développe, on voit son enduit s'éclaircir, et disparaître totalement lorsque la feuille est développée.

Dans l'ordre le plus général des produits de la végétation, les feuilles sont les premiers ornements dont la nature se plaît à parer les plantes. S'il en est dont les fleurs naissent avant les feuilles, telles que les pêchers, les abricotiers, le tussilage, etc., ce sont des exceptions qu'il faut attribuer à ce que ces végétaux ne sont pas dans nos climats sur leur sol natal.

On distingue les feuilles d'après le lieu de leur insertion : elles sont *amplexicaules* lorsque, manquant de pétiole, elles embrassent la plante ou la tige, comme le lamier; *demi-amplexicaules* lorsqu'elles n'embrassent la tige qu'à demi, l'aster de la Nouvelle-Hollande; *perfoliées* lorsqu'elles sont percées par la tige, le buplèvre-perce-feuille; *connées,* réunies deux à deux par leur base, de manière à ne paraître qu'une seule feuille, le chèvrefeuille, la saponaire ; *engaînantes* quand leur base forme un tube tout à fait cylindrique, qui entoure et enveloppe la tige, comme dans l'orge et toutes les graminées; *squarreuses* quand elles sont recourbées et très rapprochées, les liliacées ; *ombiliquées* quand le pétiole est planté au milieu de la surface comme s'il portait un bouclier, la capucine.

Il arrive, chaque année, une époque où la plupart des végétaux se dépouillent de leur feuillage : c'est ordinairement à la fin de l'été ou au commencement de l'automne ; cependant ce phénomène n'a pas lieu à la même époque pour toutes les plantes. On remarque, en général, que les arbres dont les feuilles se développent de bonne heure sont aussi ceux qui les perdent les premiers, comme on l'observe pour le tilleul, le marronnier d'Inde, etc. Le sureau fait exception à cette règle ; ses feuilles paraissent de bonne heure et tombent fort tard. Le frêne ordinaire présente une autre particularité, ses feuilles se montrent très tard et tombent dès la fin de l'été. Mais il est des arbres et des arbrisseaux qui restent en tout temps ornés de leur feuillage, et que, pour cette raison, on désigne sous le nom d'arbres verts : ce sont ou des espèces résineuses, telles que les sapins, les pins, ou des végétaux dont les feuilles sont roides, épaisses et coriaces, comme les myrtes, les alaternes, les lauriers-roses, etc.

Sous le rapport de leur durée, on distingue les feuilles en *caduques*, qui tombent avant une nouvelle foliation, comme le marronnier; en *marcescentes*, qui sèchent avant de tomber, le chêne; en *persistantes*, qui restent sur le végétal plus d'une année, le buis, les arbres toujours verts.

La plupart des feuilles exercent des mouvements d'irritabilité (*voy.* page 61) qu'on attribue le plus communément à leur sensibilité. Il y a des feuilles qui se meuvent spontanément, et d'autres qui ne se contractent que lorsqu'on les touche.

LES SUPPORTS.

On nomme *supports* ces parties du végétal qui lui servent de soutien ou de défense : ce sont les aiguillons, les épines, les poils, les vrilles, les écailles, les glandes.

Les *aiguillons* ou *piquants* se distinguent parfaitement des épines en ce qu'ils semblent seulement collés à l'épiderme, et qu'ils s'en détachent avec facilité; ils paraissent n'être autre chose que des poils qui ont pris une forte consistance. Pour l'ordinaire, on les trouve sur la tige, rarement sur les pétioles et les calices.

Les *épines* adhèrent fortement au corps ligneux. Dans la plupart des arbres nommés sauvageons, l'aubépine, le prunier, etc., elles se ramifient et deviennent autant de branches. Elles sont solitaires dans le prunier, deux à deux dans le jujubier. Bien différentes des aiguillons, on les trouve non seulement sur les rameaux, mais souvent sur les feuilles des plantes; exemple, le chardon, le houx; et sur les fruits, comme sur ceux du châtaignier, du hêtre, etc.

Les *poils* se distinguent des aiguillons et des épines en ce qu'ils sont mous et filiformes. Les plantes aquatiques ont rarement des poils; ils sont, au contraire, en abondance sur celles qui habitent un sol aride.

Les *vrilles* sont les mains de certaines plantes, qui s'en servent pour se cramponner aux corps voisins; on les nomme *griffes* quand elles sont munies de suçoirs propres à pomper les sucs nutritifs.

Les *écailles* sont des productions minces, aplaties, vertes ou colorées; leur usage paraît être de protéger dans l'enfance les parties de la fructification.

Les *glandes*, petits réservoirs arrondis et ovales, paraissent destinées à quelque sécrétion particulière ; le poil dont ordinairement elles sont surmontées est creusé d'un canal qui charrie en dehors le fluide qu'elles renferment. Ce poil, extrêmement aigu dans l'ortie, s'introduit sous la peau, et la douleur que nous éprouvons alors est causée par la liqueur brûlante qu'il y verse.

DE LA NUTRITION VÉGÉTALE.

Les éléments de la nutrition végétale sont le carbone, l'oxygène, l'hydrogène et l'azote ; ils ont pour véhicule l'eau pompée par les feuilles dans l'atmosphère et par les racines au sein de la terre. C'est dans le liber, substance spongieuse dont les racines et les feuilles sont principalement formées, que repose la force de succion, force qui est si grande, qu'elle agit avec plus de puissance que la pression de l'atmosphère sur le mercure du baromètre. Les sucs, une fois absorbés, se transforment dans le végétal en d'autres sucs dont les caractères sont bien distincts, la sève et les sucs propres.

La *sève* ou *lymphe*, contenue dans des vaisseaux nommés séveux, est une liqueur limpide, sans odeur ni saveur, facile à s'épancher quand on incise une plante en pleine végétation. Cette extravasion est très sensible chez la vigne dans le temps de la taille : les vignerons disent alors qu'elle pleure. La sève est peu abondante en été, moins encore en hiver. Dégagée par l'élaboration de ses parties grossières, elle forme un suc mucilagineux, transparent, sans odeur, et d'une saveur gommeuse qu'on appelle *cambium;* son siége principal est entre le bois et l'écorce.

Les *sucs propres* proviennent encore de la sève, mais différemment élaborée; ils se distinguent de celle-ci en ce qu'ils sont colorés, et qu'ils possèdent une odeur et une saveur particulières. Ils s'échappent sous forme laiteuse des branches du tithymale et du figuier quand on les coupe vers le milieu. Leur couleur est rouge dans la patience sanguine, l'artichaut; jaune dans la chélidoine, verte dans la pervenche. Leur substance est gommeuse dans le cerisier, résineuse dans les pins, narcotique dans le pavot, corrosive dans les euphorbes, etc. Leur principale résidence paraît être dans les couches corticales : c'est de là qu'on les obtient par écoulement dans les arbres résineux au moyen d'une incision pratiquée à leur tronc.

La marche de la sève suit deux sortes de mouvements; un d'ascension, de haut en bas; un autre latéral, du centre à la circonférence. Les alternatives de froid et de chaleur paraissent être les principales causes de la circulation de la sève. Aux premières approches du printemps, elle s'élance dans les tiges; ne pouvant s'ouvrir un passage suffisant, elle reflue entre l'écorce et le bois, et y forme le liber. Des expansions de ce dernier naissent les jeunes rameaux et les feuilles. Le même phénomène se renouvelle, avec moins d'intensité cependant, en automne jusqu'en hiver, où la sève devient presque stagnante.

DE LA GRANDEUR ET DE LA DURÉE DES ARBRES.

Certains arbres n'acquièrent que par une longue suite d'années une hauteur et un diamètre considérables; tel est, par exemple, le chêne ; d'autres, au contraire, prennent leur accroissement dans un temps bien plus court, comme le peuplier. Les plantes sarmenteuses, la vigne, le houblon, etc., se développent rapidement ; mais aucune ne s'allonge avec autant de vitesse que l'agave d'Amérique, qui dans l'espace de quarante jours pousse une hampe de trente pieds de hauteur. En général, les arbres de nos forêts ne s'élèvent pas à plus de cent à cent trente pieds; en Amérique, les palmiers et d'autres arbres dépassent cent soixante pieds.

La grosseur des arbres n'est pas moins variée que leur hauteur ; il en est qui acquièrent des dimensions prodigieuses : Strabon parle d'une vigne dont deux hommes ne pouvaient embrasser la tige. Les chênes et les ormes de nos forêts ont quelquefois jusqu'à vingt-cinq ou trente pieds de tour. Les baobabs du Sénégal en ont jusqu'à quatre-vingt-dix de circonférence.

Placé dans un terrain et une exposition qui leur conviennent, les arbres peuvent vivre des siècles. Le tilleul et l'olivier vivent jusqu'à trois cents ans, le chêne cinq cents; l'antique yeuse du mont Vatican, qui existait encore du temps de Pline, datait de bien avant la fondation de Rome. Les cèdres du Liban paraissent indestructibles. Les baobabs dont nous venons de parler n'ont pas moins de six mille ans.

CHAPITRE II.

Organes reproducteurs.

DES FLEURS (1).

« La fleur donne le miel, » dit un de nos plus célèbres écrivains; « elle est la fille du matin, le charme du printemps, la source des parfums...

(1) *Voy.* au dictionnaire le mot *Fleur*.

Elle passe vite comme l'homme, mais elle rend doucement ses feuilles à la terre. Chez les anciens, elle couronnait la coupe du banquet et les cheveux blancs du sage..... Dans ces temps modernes, nous attribuons nos affections à ses couleurs, l'espérance à sa verdure, l'innocence à sa blancheur, la pudeur à ses teintes de rose; il y a des nations entières où elle est l'interprète des sentiments : livre charmant qui ne renferme aucune erreur dangereuse, et ne garde que l'histoire fugitive des révolutions du cœur. »

La fleur est l'organe protecteur de la reproduction; sa structure entière est disposée pour ce but unique, vers lequel tendent tous les êtres organisés.

Pour bien distinguer les différentes parties qui forment la fleur, il est important de connaître leur position respective. Ainsi, en allant du centre à la circonférence, nous verrons : 1° le *pistil*, ou organe sexuel femelle occupant constamment la partie centrale; 2° en dehors et autour du pistil sont les organes mâles, ou *étamines;* 3° à l'extérieur des étamines se trouve la plus intérieure des deux enveloppes florales, ou la *corolle,* elle est en général colorée et d'un tissu mince et délicat; 4° le *calice,* la plus extérieure des enveloppes florales. Immédiatement sous ces parties constitutives de la fleur se trouve le *réceptacle*.

Le *réceptacle* termine le *pédoncule* et supporte la fleur. Dans les fleurs composées, il se dilate en plateau à son extrémité; mais, dans la plupart des autres plantes, il n'est pas distinct du pédoncule. Il est *propre* s'il supporte une seule fleur, comme dans le lis, la tulipe; *commun*, s'il supporte plusieurs fleurs ou fleurons, la scabieuse, le chardon; la partie charnue que l'on mange dans l'artichaut est un réceptacle. Le réceptacle commun peut être sec ou charnu, concave, plane, convexe, conique, sphérique. Quant à sa surface, il est *nu* dans le pissenlit, *soyeux* dans l'artichaut, *paléacé*, ou garni de paillettes sèches, brillantes, membraneuses, dans la camomille; *alvéolé*, ou garni d'alvéoles semblables à ceux d'une ruche à miel, dans l'*onopordum acanthium;* il prend le nom de *spadice* quand il a la forme d'une massue.

Le *calice*. — Nous avons dit que le calice était l'enveloppe externe de la fleur. Il y a des calices qui sont *persistants*, c'est à dire qui restent toujours autour de la graine, tel est celui de la primevère; il en est d'autres qu'on nomme *caducs*, c'est ce qu'on peut observer dans le pavot. Tantôt le calice est formé d'une seule pièce, comme dans le premier exemple; tantôt de deux, comme dans le second; tantôt de trois et même d'un grand nombre de petites lames : on l'appelle alors *monophylle, diphylle, triphylle, polyphylle*, etc. Quand la partie supérieure du calice est seule divisée, et que le tube reste entier, le calice est dit *denté, découpé;* alors il est *bifide, trifide*, etc.

La position du calice par rapport à l'ovaire offre des caractères infiniment précieux pour la connaissance des genres et des familles. S'il est placé au sommet de l'ovaire, on le nomme *supère*, la rose; *infère* quand il s'insère sous l'ovaire, le pavot; enfin *adhérent* quand il fait corps avec l'ovaire.

Linné distingue sept espèces de calices : 1o le *périanthe*, c'est le calice proprement dit; 2° *l'involucre*, c'est cet assemblage de folioles qui entourent comme une collerette la base des ombelles; quand les divisions de l'ombelle ont un involucre partiel, on lui donne le nom *d'involucelle*, la carotte; 3° le *chaton*, réceptacle allongé, couvert d'écailles, le noisetier; 4° a *spathe*, calice membraneux, sec, coriace, en forme de cornet ou de sac, qui, excepté dans l'arum, se déchire et se dessèche pendant ou après l'épanouissement des fleurs; 5° la *balle* ou *gloume*, calice des graminées, formé de paillettes et écailles sèches; elle est *unival-*

vée ou *bivalvée*, selon qu'elle est formée d'une ou de plusieurs pièces; l'arète dont la balle est souvent pourvue se nomme *barbe ;* 6° la *coiffe*, calice particulier aux mousses; 7° le *volva,* qui appartient aux champignons.

La *corolle* est, en général, la partie la plus apparente de la fleur, celle qui, par l'éclat et la variété des couleurs dont elle est l'empreinte, la délicatesse de son tissu, l'odeur suave qu'elle exhale souvent, attire principalement les regards du vulgaire et constitue à ses yeux la véritable fleur. Elle embrasse immédiatement les parties sexuelles des plantes; c'est le lit conjugal qui renferme les époux. Le phénomène de la fécondité est toutefois indépendant de sa présence, puisqu'il est des fleurs qui en sont dépourvues.

Continuité du liber du pédoncule, la corolle tombe d'ordinaire avec les étamines. Avant son épanouissement, elle est repliée dans le calice, qui est, dans ce moment, à son égard ce que le bourgeon est aux feuilles. Elle est *imbriquée* dans les roses, *plissée* dans les liserons, *chiffonnée* dans les pavots, etc.

Les *pétales* sont les parties dont se compose la corolle. Quand les pétales sont égaux entre eux, la corolle est dite *régulière ;* elle est *irrégulière* quand les pétales varient entre eux par la forme, la grandeur et la direction. Parmi les corolles polypétales régulières, on distingue les *crucifères* (1), qui ont quatre pétales en croix, le cresson, le chou, la giroflée; les *cariophyllées* ou en œillet, qui ont cinq pétales réguliers dont les onglets sont fort longs et cachés dans le calice; les *rosacées*, dont les onglets sont courts. Les polypétales irrégulières sont nommées *anomales* quand il est difficile d'en caractériser la forme, comme dans la pensée, la capucine, la violette; on les appelle *papilionacées* (2) quand il y a quatre pétales irréguliers; savoir, deux latéraux, nommés *ailes*; un supérieur, appelé *étendard*, et un inférieur ou *carène*, qui renferme les organes sexuels avant leur épanouissement, le poids, le haricot, l'acacia, etc.

Les corolles monopétales se distinguent de même en *régulières* et en *irrégulières*. Parmi les premières, on a donné beaucoup de noms à leurs formes diverses. On appelle *campanulées* celles qui ont la forme de cloche, la mauve; *globuleuses* ou en *grelots*, comme le muguet; *infundibuliformes*, ou en entonnoir, le lilas, le tabac, la pervenche; *hypocratériformes* ou en soucoupe, lorsque la corolle s'élargit subi-

(1) *Voy.* Lettre II — (2) *Voy.* Lettre III.

tement vers l'orifice, la primevère; et en ***roue*** quand elle ressemble à un entonnoir sans tube, la véronique, la bourrache.

Parmi les corolles monopétales irrégulières on donne aussi à quelques unes des noms particuliers. Elle est dite *personnée* (1) quand elle prend diverses formes bizarres; elle imite une figure d'animal dans le mufflier, un doigt de gant dans la digitale, un capuchon dans l'arum; quand sa forme ne peut pas se définir, elle est *anomale*. Le limbe des personnées a deux divisions horizontales qu'on nomme *lèvres;* la supérieure imite souvent un casque; l'inférieure, le palais d'une bouche. Leur tube est quelquefois armé par derrière d'un éperon, comme dans les violettes, les orchies. On l'appelle *labiée* (2) quand elle est terminée à sa base par un tube, et à son extrémité antérieure par deux lèvres plus ou moins écartées, comme la sauge, le romarin.

La position de la corolle, par rapport aux parties de la génération, fournit des caractères très importants; elle est *épigyne* ou insérée sur le pistil; *périgyne* ou insérée sur le calice; *hypogyne* ou insérée sur l'ovaire. Quand la corolle est monopétale, elle supporte toujours les

(1) *Voy*. Lettre IV. — (2) *Idem*.

étamines; quand elle est polypétale, les étamines sont insérées sur le calice et le réceptacle.

La corolle ne se borne pas à protéger les organes sexuels des plantes, elle paraît encore destinée, selon Bernardin de Saint-Pierre, à recueillir dans son sein les rayons solaires, et à les réverbérer sur les parties de la fécondation. C'est à la lumière que la corolle doit la combinaison si variée de ses couleurs; renfermée dans les boutons, elle est verte et blanchâtre, et ne se colore ordinairement qu'après l'épanouissement de ces organes.

La corolle possède un liber et un tissu cortical, composé de petites vésicules; c'est dans ce dernier que se forme le principe colorant. La diversité si variée des couleurs de la corolle peut se rapporter aux trois couleurs primitives, le rouge, le bleu et le jaune, qui, combinés entre eux ou modifiés par le blanc, engendrent toutes les nuances. La couleur noire, formée des trois couleurs primitives dans les proportions données, ne se rencontre jamais sur les corolles.

On trouve dans la corolle les *nectaires*, petits appendices d'une forme particulière, destinés à sécréter une liqueur douce et mielleuse. Le nectaire se présente tantôt sous la forme d'une glande arrondie, tantôt sous celle d'une écaille placée à la base de l'ovaire. Il est sur l'onglet des pétales dans les renoncules, sur la base des pétales et du calice dans la fritillaire; on le trouve en *stries* longitudinales sur le milieu des pétales du lis, en *éperon* dans les orchies; en *cornet* dans la fleur de l'ellébore et du narcisse; il est en *écailles* sur le fruit des campanules. La plupart des corolles *nectarifères* sont parsemées de taches, comme pour indiquer aux insectes qu'ils peuvent y puiser leur nourriture; exemple, l'iris, le liseron tricolore, la capucine, le marronnier, etc.

Les étamines.—On observe au sein des fleurs certains filets plus ou moins longs, plus ou moins déliés; ce sont les étamines, organes mâles de la fleur comme le pistil est l'organe femelle. Supprimez l'un des deux, celle-ci reste stérile; aussi, soit isolés, soit réunis dans une même enveloppe, on les trouve également dans toutes les fleurs; leur concours est indispensable à la reproduction de l'espèce.

L'étamine consiste essentiellement en une ou deux petites bourses ou loges appelées *anthères*, qui renferment une poussière jaune, rouge, violette ou blanchâtre, nommée *pollen* ou *poussière séminale*. Le plus souvent comme, dans le lis, dans l'œillet, l'anthère est portée à l'extrémité d'un filament plus ou moins allongé qu'on nomme *filet*.

Parvenue à sa maturité, l'anthère s'ouvre d'elle-même, soit par le côté, soit en se déchirant de haut en bas, et répand sur le pistil sa poussière fécondante; dans la bruyère, le pollen s'échappe par trois trous placés au sommet.

La position des étamines par rapport au pistil est un des principes fondamentaux de la méthode de Jussieu; leur nombre, leur grandeur servent à la classification dans celle de Linné.

Quand la corolle est monopétale, le nombre des étamines est égal à celui des divisions de la corolle, et n'excède jamais vingt; mais ce nombre va bien au delà quand la corolle est polypétale.

Le pistil. — Organe femelle de la fleur, le pistil en occupe le centre. Il est composé de trois parties distinctes : le *style,* le *stigmate* et l'*ovaire*.

Filet délié, surmontant l'ovaire et le stigmate, le *style* n'est pas absolument nécessaire à l'acte de la fécondation, et manque dans quelques fleurs : sa forme est presque toujours cylindrique. Garni à l'intérieur de plusieurs faisceaux de fibres, il transmet du stigmate à l'ovaire le fluide reproducteur. Dans les pulsatilles, les clématites, il persiste après la fécondation, et surmonte le fruit.

Le *stigmate* couronne le style et semble former sa tête. Comparable à la vulve des animaux, il est humecté d'une matière visqueuse qui reçoit et retient le pollen envoyé par les anthères; le stigmate s'imprègne de ses principes et les transmet à l'ovaire. Suivant ce système, qui est démontré par l'observation, l'acte de la fructification n'est plus celui de la génération. Les filets des étamines sont les vaisseaux spermatiques; les anthères sont des glandes du scrotum; la poussière qu'elles répandent, la liqueur séminale; le stigmate devient la vulve; le style est la trompe, et le germe fait l'office d'utérus.

Quand le style manque, le stigmate est *sessile* sur l'ovaire, comme dans le pavot; dans les liliacées (1), on voit plusieurs stigmates disposés autour d'un style central. Bizarre et varié dans sa forme, le stigmate est *arrondi* dans le chèvrefeuille, en *bouclier* dans le pavot, en *hameçon* dans la violette, en *entonnoir* dans la pensée, en *massue* dans la pyrole, et en *pinceau* dans la pariétaire.

L'*ovaire*, placé au dessous du pistil, est d'une forme ovoïde ou renflée; le pollen éla-

(1) *Voy*. Lettre I.

boré fait éclore dans son intérieur les rudiments des graines ou les *ovules*. C'est lui qui, en grossissant, devient fruit. Souvent le calice persiste et l'accompagne jusqu'à sa maturité.

L'ovaire est libre ou *supère* quand il est assis sur le réceptacle, au point d'insertion des étamines, de la corolle et du calice, comme dans le lis; il est *infère* quand il est placé au dessous de ces points d'insertion, l'iris. Alors tous les points de sa circonférence sont en contact avec le tube du calice qui, dans ce cas, est monophylle.

La fleur qui possède toutes les parties que nous venons de définir est dite *complète;* celle à laquelle il en manque une ou plusieurs est appelée *incomplète*. Une rose, un œillet sont des fleurs complètes; un lis, une tulipe sont des fleurs incomplètes. Toute fleur d'où résulte une seule fructification est une fleur simple; si d'une seule fleur il résulte plusieurs fruits, cette fleur s'appellera composée (1). Les fleurs offrent encore d'autres caractères d'après leur disposition générale autour des tiges ou sur leur pédoncule. On nomme fleurs en ombelles ou *ombellifères* (2) celles dont tous les pédicules partent d'un même point et s'élèvent à la même hauteur; en *corymbifères*, lorsque, ne partant

(1) *Voy*. Lettre VI. — (2) *Voy*. Lettre V.

pas du même point, les mêmes fleurs arrivent à la même hauteur, etc.

Enfin les fleurs qui réunissent sous une même enveloppe les étamines et les pistils sont nommées ***hermaphrodites;*** celles qui n'ont que des étamines, ***fleurs mâles;*** celles qui n'ont que des pistils, ***fleurs femelles.*** D'après la culture, toutes les fleurs ont été considérées comme simples, demi-doubles, doubles, pleines et prolifères.

Les fleurs ***simples*** sont celles qui viennent en pleine campagne et ne reçoivent d'autres soins que ceux de la nature; elles ne sont ni changées ni augmentées dans leurs parties constituantes; exemple : l'églantier.

Les fleurs ***semi-doubles*** ont un nombre considérable de pétales, d'étamines et de pistils : ce phénomène est dû à la grande quantité de nourriture que prennent les végétaux dans les lieux où ils sont bien cultivés.

Les fleurs ***doubles*** se distinguent des précédentes en ce que les étamines et les pistils subissent une métamorphose qui les change en pétales, comme dans la rose des jardins, l'œillet.

Les fleurs ***pleines*** sont généralement dépourvues d'organes sexuels, comme dans la boule-de-neige, la pivoine.

Les fleurs ***prolifères*** sont celles qui s'implantent sur les autres; telle est la camomille, etc.

Dans les dernières espèces, le fruit avorte et les semences sont stériles.

FLORAISON ET FÉCONDATION DES PLANTES.

Les mêmes causes qui président au développement des feuilles président aussi à l'épanouissement des fleurs; mais dans les feuilles ce sont celles du sommet qui se développent les premières, tandis que les fleurs suivent un ordre inverse.

Toutes les plantes ne fleurissent pas à la même époque de l'année; il existe à cet égard des différences très remarquables, qui tiennent à la nature même de la plante et à l'influence plus ou moins vive de la lumière. Dans nos climats tempérés, c'est au printemps, quand une chaleur douce et vivifiante a succédé aux rigueurs de l'hiver, que les fleurs se montrent et s'épanouissent à nos yeux. Les mois de mai et juin sont ceux qui voient éclore le plus de fleurs. Suivant la saison durant laquelle les plantes fleurissent, on les distingue en *printanières*, comme la violette, la primevère; en *estivales*, l'œillet, l'ombrette; en *automnales*, le colchique, le dahlia, et en *hibernales*, le perce-neige, l'ellébore noir, etc.

La fleur *éphémère* est celle qui, peu d'instants

après son épanouissement, se ferme pour ne plus se rouvrir, les cistes; les fleurs *équinoxiales* s'ouvrent et se referment à des heures déterminées, les mauves à onze heures, les belles-de-nuit le soir; les fleurs *tropiques* suivent pour s'épanouir la marche du soleil et ne sont bien ouvertes qu'à midi.

Le phénomène de la fécondation est, sans contredit, le plus grand de tous ceux que les végétaux offrent à nos regards : c'est lorsque toutes les parties des fleurs sont dans un parfait développement qu'il a lieu.

Les étamines de la fraxinelle s'inclinent d'elles-mêmes pour toucher les stigmates, et s'en éloignent dès que l'ovaire est fécondé; l'arum, au moment de la copulation, dégage une chaleur considérable; dans la parnassie des marais, le stigmate se crispe à l'approche des étamines, et paraît éprouver des frémissements voluptueux; dans la couronne impériale, où les étamines sont plus courtes que les styles, la fleur se renverse pour favoriser la fécondation; les plantes aquatiques élèvent leurs fleurs au dessus de l'eau à l'instant de leur fécondation; les végétaux de différents sexes, souvent séparés par de grandes distances, ont les vents pour messagers de leurs amours.

Après la fécondation, les corolles, robes de

noces des fleurs, s'affaissent et tombent, ou du moins elles languissent et perdent leurs formes et leurs couleurs.

La plupart des fleurs sont *hermaphrodites*, c'est à dire qu'elles portent à la fois des pistils et des étamines; mais il y en a d'*unisexuelles* ou *monoclines*. Ces fleurs, mâles ou femelles, sont tantôt *monoïques* ou *androgynes*, c'est à dire portées par une même plante, comme dans le noisetier, les melons; et tantôt *dioïques* ou *diclines*, c'est à dire que les femelles sont placées sur d'autres plantes que les mâles, ainsi qu'on l'observe dans le saule, le chanvre, le houblon. Il y a aussi des plantes appelées *polygames;* elles portent à la fois des fleurs hermaphrodites et des fleurs unisexuelles, soit mâles, soit femelles. Enfin, il est des plantes dont les fleurs, et par conséquent le mode de génération, sont tout à fait inconnues, telles que les champignons, les truffes, les mousses, etc.

DU FRUIT.

Le fruit est le dernier produit de la végétation; il succède à la fleur et est le résultat de la fécondation opérée par l'insertion du pollen des étamines dans les pistils. Cette fécondation s'opère, comme nous l'avons dit, par une puissance génératrice absolument égale à celle qui appartient aux animaux. Le développement du germe, la naissance de l'embryon, la protection qu'il reçoit, son accroissement, toutes les phases, tous les degrés qu'il parcourt avant d'être arrivé à son dernier état de perfection sont autant de sujets d'observation pour le naturaliste. S'il prolonge son examen et ses remarques, il reconnaît que ce qui mérite de porter justement le nom de fruit, c'est cette partie qui renferme les organes propres à la reproduction de l'espèce.

Après l'acte de la fécondation, les pétales et les étamines se dessèchent et tombent; les embryons restent seuls dans l'ovaire et s'y développent. L'ovaire grossit, mûrit et devient fruit.

Lorsque le fruit est parvenu à sa parfaite maturité, la plante n'est plus parée que d'un reste d'ornements; la sève ne s'élève plus du collet de la racine dans la tige; les feuilles qui sont le plus près de la terre jaunissent, se flétrissent et tombent les premières; celles qui sont dans les parties supérieures, bientôt après elles languissent et tombent à leur tour; la plante a rempli le vœu de la nature, elle périra si elle est annuelle, ou si elle est vivace, elle demeure dans un repos absolu jusqu'au réveil de la nature. Celle-ci, toujours admirable, toujours prévoyante dans ses opérations, n'amène pas un fruit sans le pourvoir d'une enveloppe, sans lui donner une défense quelconque, qui le protège contre l'intempérie des saisons ou les attaques des insectes rongeurs qui pourraient altérer et même détruire ses facultés reproductives.

Les botanistes modernes distinguent plusieurs espèces de fruits : les fruits *simples*, provenant d'un seul ovaire, la cerise ; les fruits *multiples*, qui sont formés de plusieurs ovaires qui ont appartenu à la même fleur, les framboises ; et les fruits *agrégés*, résultant de plusieurs ovaires, qui ont appartenu à plusieurs fleurs, la mûre.

Le vulgaire appelle fruit ce qui n'est que le *sarcocarpe* (chair autour du fruit) ; mais les botanistes entendent par fruits tous les péricarpes quelconques, étant bien convaincus qu'il n'en peut exister d'autres que les semences.

Le *péricarpe*, formé par les parois de l'ovaire, est l'enveloppe extérieure du fruit et renferme les graines. Il n'y a pas de graines nues et le péricarpe existe toujours. Revêtu à l'extérieur par un épiderme (épicarpe), tapissé à l'intérieur par une membrane pariétale (endocarpe), il a un parenchyme moyen (sarcocarpe), qui constitue la chair des fruits charnus (la pomme). On trouve, en outre, dans le péricarpe les valves, les cloisons, les loges et le placenta.

Les *valves* sont les pièces dont se compose

tout péricarpe déhiscent ou s'ouvrant spontanément.

Les *cloisons* sont les replis de la membrane intérieure du péricarpe et le partagent en plusieurs *loges* : leur point de réunion est au centre.

Le *placenta* est l'attache à laquelle tiennent les semences dans l'intérieur du péricarpe : pourvu de petits cordons ombilicaux, il leur transmet les sucs élaborés de la plante, comme l'arrière-faix dans les animaux transmet le sang de la mère au fœtus ; dans la tulipe, le placenta fait entièrement corps avec les cloisons ; dans les labiées, il est en petit corps glanduleux au fond du calice. Dans les scrophulaires, il se divise en cloison et en tient lieu ; dans les composées, il n'est autre chose que le réceptacle commun des petits fleurons ; dans les crucifères, il forme un axe du sommet duquel pendent les semences ; sous le nom d'*arille* il enveloppe souvent la graine en tout ou en partie. Souvent le placenta ne porte qu'une seule graine ; alors il est *monosperme* ; il est *polysperme* quand il en a plusieurs.

A la maturité des graines, le péricarpe *déhiscent* s'ouvre de lui-même, et leur livre passage ; il s'ouvre ou de bas en haut ou de haut en bas. Dans le pourpier, il s'ouvre horizontalement, comme une boite à savonnette ; dans le pavot, les graines s'échappent à travers des fenêtres formées par les replis du stigmate persistant. Quelques péricarpes, comme ceux des balsamines, lancent au loin les graines avec une élasticité remarquable; celles du concombre sauvage sont lancées souvent à plus de vingt pieds de distance; la capsule du sablier produit une détente accompagnée d'une très forte explosion. Le péricarpe qui ne s'ouvre point de lui-même est appelé *indéhiscent.*

Il y a une infinité de sortes de péricarpes, mais qu'on ramène tous à ces deux divisions : 1o les péricarpes mous ou charnus; 2o les péricarpes secs ou sans membrane charnue.

Parmi les premiers on trouve :

La *baie*, fruit charnu et très succulent, qui n'a pas de loges distinctes; les semences sont placées çà et là au milieu de la pulpe; exemple : le raisin, la groseille, l'orange, et par extension on a donné le nom de baie aux fruits dont les jeunes semences sont contenues dans des loges, comme dans la belladone et les fruits des solanées.

La *pommone*, fruit charnu, pulpeux et solide, renferme des semences ovoïdes qui sont placées dans des capsules membraneuses qu'on remarque au milieu du fruit lorsqu'on le coupe, la pomme, la poire.

Le *pépone* ne diffère du précédent que par le volume; il est charnu, d'une grosseur considérable, et les semences y sont placées centralement sur deux séries et sans cloisons, le melon, le concombre, le potiron, la courge.

La *drupe* est un fruit charnu, renfermant une graine ou une amande couverte d'une enveloppe osseuse; les prunes, les abricots. On y comprend aussi ceux dont le péricarpe est osseux, ayant deux valves ou coquilles, recouvertes, dans l'état frais, d'une enveloppe coriace, peu charnue, amère et astringente, qu'on nomme *brou*, l'amandier, la noix. Les péricarpes secs sont divisés en *monospermes* (ne contenant qu'une semence), *dispermes* (en contenant deux), et *polyspermes* (en contenant plusieurs).

Les monospermes ont été divisés en quatre classes; savoir, la coque, la samare, le gland et le cône; et les polyspermes aussi en quatre classes, la capsule, la gousse, la silique et la silicule.

La *coque* est composée de plusieurs membranes sèches qui sont superposées les unes sur les autres; elle n'est jamais seule, mais toujours réunie à une ou deux autres, comme dans le café, la mercuriale, le ricin.

La *samare*, capsule coriace, comprimée, munie sur les côtés d'une membrane foliacée; c'est le fruit de l'orme, du bouleau, du frêne, de l'érable.

Le *gland* est une véritable boîte ligneuse qui contient une ou plusieurs semences qui sont revêtues de leurs téguments propres ; elle est généralement dépourvue de brou, la noisette, etc.

Le *cône* est un assemblage ovoïde, écailleux, coriacé et imbriqué sur tous les sens autour d'un axe commun, le pin, le sapin.

La *capsule* est un péricarpe qui contient plus de semences que tous les autres ; elle ne s'ouvre pas toujours de la même manière, mais son ouverture est constante dans la même espèce. Le mouron s'ouvre à l'instar d'une boîte à savonnette, la jusquiame se partage par le haut à l'aide d'une opercule, le pavot laisse échapper ses graines par les ouvertures qu'on remarque au dessus du stigmate.

La *gousse* ou légume, péricarpe à deux valves oblongues nommées cosses, où les graines sont attachées à une seule suture, comme dans le pois. La gousse est le plus souvent uniloculaire; elle a deux cloisons dans la casse ; elle est articulée dans le sainfoin, enflée dans le baguenaudier ; elle est monosperme dans le lupin.

La *silique*, fruit sec, allongé, bivalve, biloculaire, marqué de deux sutures longitudinales et opposées, après lesquelles sont attachés alternativement les semences, le chou, la moutarde, le raifort.

La *silicule* est un diminutif de la silique et ne contient qu'une ou deux semences, le passerage, le thlaspi, l'annulaire.

DE LA GRAINE.

La graine ou semence renferme tous les rudiments de la plante; c'est l'œuf végétal fécondé par le pollen. Contenue dans la cavité intérieure du péricarpe, elle est attachée par le côté au placenta au moyen d'un petit filet nommé *cordon ombilical* ou *podosperme.* Au point de cette insertion, la graine est marquée d'une légère cicatrice appelée *ombilic* ou *hile*, sur laquelle se trouve l'ouverture qui laisse passer les vaisseaux nourriciers du podosperme; c'est là la base de la graine.

Au dessous des enveloppes extérieures de la graine se trouve l'amande ou *embryon*, toujours recouvert de son tégument propre ou *test.* Deux parties absolument indispensables pour la germination composent l'embryon, ce sont les cotylédons et le germe.

Les *cotylédons* ou *lobes séminaux* s'aperçoivent facilement dans la graine du haricot lorsqu'elle est séparée de son enveloppe par l'ébullition. Charnus, spongieux, de couleur blanchâtre, ils sont formés d'une substance mucilagineuse et sucrée qui nourrit la plante au moment de la germination. Toujours étiolés quand ils sont cachés sous leurs téguments, ils prennent au contact de l'air une couleur verte, s'étendent, se dilatent et deviennent les feuilles séminales.

D'après leur présence, leur nombre, leur absence, les végétaux se divisent en trois grandes classes; ceux qui, au moment de leur germination, n'ont qu'un seul cotylédon ou *feuille séminale* sont nommés plantes *monocotylédones*; on nomme *dicotylédones* celles qui en ont deux, et cette classe est la plus nombreuse; enfin celles dont l'embryon est tout à fait dépourvu de lobes séminaux sont appelées *acotylédones*. Ordinairement les cotylédons sont simples; dans quelques graines, comme celle du sapin, ils sont découpés plus ou moins profondément.

Le germe est renfermé dans les cotylédons, où ordinairement il est solitaire : c'est l'organe le plus intéressant de la végétation, c'est la plante en abrégé, qui n'attend qu'une circonstance favorable pour donner naissance à un nouvel individu. Il se compose de deux parties distinctes, qui sont la radicule et la plumule.

La *radicule* est le principe de la racine et en

renferme tous les éléments ; elle tend toujours vers le centre de la terre et d'une manière invariable. Quand les sucs des cotylédons sont épuisés, elle commence à en pomper dans le sol ; on pourrait dire alors que le végétal est sevré.

La *plumule* est le rudiment de la tige et des rameaux ; sortie de la graine, elle tend vers le ciel comme la radicule vers la terre ; elle ne sort jamais des cotylédons qu'après le développement de la radicule, et petit rameau qui forme son extrémité ne tarde pas à devenir feuilles séminales.

Outre les cotylédons et le germe, quelques graines renferment un troisième organe auquel on a donné le nom de *périsperme*, assez semblable ordinairement à de l'albumine ou blanc d'œuf. On le trouve *corné* dans les rubiacées, *farineux* dans les graminées, *ligneux* dans les ombellifères. Son usage est vraisemblablement de concourir à la nourriture de l'embryon avant la germination.

Par leur forme et leur grandeur les graines présentent des variétés infinies.

La semence du cocotier pèse jusqu'à vingt-cinq livres, tandis que les graines des orchidées ressemblent à de la sciure de bois.

Quant à leur forme, elle est *réniforme* dans le haricot, *globuleuse* dans les pois, *triangu-*

laire dans le sarrasin. On dit aussi qu'elle est *échinée* quand elle est recouverte de piquants ou poils rudes, comme dans la rotte, *nue* dans les graminées, *aigrettée* dans le pissenlit, *ailée* dans l'érable, etc.

Leur couleur est aussi variée que celle des fleurs.

Le caractère des graines dans les plantes *cryptogames* (les mousses, les algues, les champignons, etc.) n'est pas bien déterminé. Jamais elles ne sont renfermées dans les ovaires; elles paraissent à la superficie de la plante sous forme de petites poussières fines auxquelles on a donné le nom de *séminules*.

La nature, par les moyens multipliés qui sont en sa puissance, favorise la *sémination* naturelle des plantes. Certains péricarpes s'ouvrent avec élasticité et lancent les graines avec impétuosité, comme la balsamine. Beaucoup de graines minces, légères, aigrettées ou ailées voyagent à l'aide des vents à des distances considérables; les fleuves et les eaux de la mer servent aussi à l'émigration lointaine de certains végétaux; il est des graines qui s'attachent aux plumes des oiseaux, aux toisons des animaux, qui se chargent ainsi de les ressemer loin de leur sol natal. Enfin la plupart des graines conservent leur propriété reproductive après avoir passé par le canal digestif des animaux.

GERMINATION.

On donne le nom de *germination* à la série de phénomènes par où passe une graine qui, mise dans des circonstances favorables, tend à développer l'embryon qu'elle renferme. Trois circonstances extérieures sont indispensables pour que la germination ait lieu, l'air, la chaleur et l'humidité. Quand on examine ce que devient une graine après qu'elle a été semée, on la voit se gonfler, augmenter de volume : sa tunique propre se déchire, ces lobes ou cotylédons sortent de leurs berceaux, s'écartent, livrent passage à la *plantule*, et l'on dit alors que la plante est dans l'état de germination. Le premier degré s'annonce ordinairement par l'apparition d'un petit bec nommé *radicule*. Ce petit bec, quelle que soit la position de la graine, s'enfonce perpendiculairement dans le sein de la terre et produit de droite et de gauche des fibrilles latérales destinées à former le chevelu ou les ramifications de la racine, dont la radicule est toujours le pivot. Après le développement de la radicule on voit paraître la *plumule*, qui tient aux lobes de la semence jusqu'à ce qu'elle puisse recevoir des sucs par le moyen de ses racines. La plumule s'élève, quitte ses cotylédons ou ne les conserve que sous la forme de feuilles séminales; et l'on voit toutes les parties de la plante augmenter en hauteur par l'allongement des lames qui les composent, acquérir tous les jours un diamètre plus grand par l'épaississement de ces mêmes lames, et toutes ces parties prendre successivement la forme et la direction qui leur convient.

Tel est le phénomène de la germination.

Ce phénomène ne s'opère pas dans le même espace de temps chez toutes les plantes. Le cresson alénois germe au bout de deux jours; le navet, le haricot, l'épinard en trois jours, la laitue en quatre, le melon en cinq, le blé, le millet en huit, l'hyssope en un mois; tandis que le pêcher ne germe qu'au bout d'un an, le cornouiller, le rosier et le noisetier en deux ans.

La plupart des graines conservent très longtemps leur faculté germinative; d'autres, comme celles du café, du thé, la perdent presque aussitôt après qu'elles ont quitté leur péricarpe. Elle se conserve, au contraire, pendant un grand nombre d'années dans les graines du froment et du seigle.

FÉCONDITÉ DES PLANTES.

La fécondité des plantes n'est pas une des causes les moins puissantes de leur reproduction. Un seul pied de maïs a donné jusqu'à 2,000 graines ; on en a compté 32,000 sur un pied de pavot, 360,000 sur un pied de tabac, 500,000 sur un orme. On a calculé que la graine d'un pied de pavot des jardins produirait à sa quatrième génération, si aucun obstacle n'en détruisait le nombre, 1,048,576,000,000,000 autres graines, et qu'à la cinquième génération la surface du globe tout entière en serait couverte.

CHAPITRE III.

De quelques caractères secondaires des végétaux.

Les caractères secondaires des végétaux, n'offrant qu'une classification imparfaite, ne servent qu'accessoirement à l'étude des espèces. De ce nombre sont la *couleur*, *l'odeur* et les *saveurs*.

DE LA COULEUR DES PLANTES.

Le spectacle le plus digne d'admiration pour l'homme susceptible de sentir et de réfléchir est, sans contredit, celui d'une campagne ou d'un jardin décoré de ses fleurs variées, dans lesquelles s'offre réuni tout ce qu'il y a de plus brillant, de plus vif et de plus diversifié dans les couleurs. Quels charmes, en effet, les premiers beaux jours du printemps ne répandent-ils pas sur les végétaux divers que semble ranimer le souffle de la puissance éternelle! Avec quel art magique la nature sait mêler les couleurs qu'elle leur distribue, et les opposer l'une à l'autre pour en former des contrastes toujours harmonieux! Jamais de ces mélanges maladroits, de ces écarts qui sont le fruit de l'ignorance, toujours des beautés et de l'intelligence. Si quelquefois le vert est triste et la couleur sombre, défiez-vous, dit Bernardin de Saint-Pierre, de l'individu qui en est coloré, il est dangereux; les sucs qui circulent dans ses vaisseaux portent avec eux le désordre de la mort, la bienveillante nature vous avertit du danger. Cependant ne regardez pas toujours cette loi comme générale; souvent les appas de la beauté cachent un cœur perfide, et le poison est peut-être masqué des plus riches couleurs... Redoutez surtout le rose léger de l'anémone des bois, le violet foncé de l'anémone pulsatille, le pourpre éclatant de la grande digitale, le jaune doré de la vermiculaire brûlante, le rosé du pain-de-pourceau, le gris blanchâtre de la pomme épineuse. *Nimium ne crede colori.* Mais, lorsque de l'admiration on passe au désir de connaître la cause de ces riches beautés, le génie le plus subtil échoue dans ses tentatives, et toutes ses conjectures ne sont que des hypothèses qui s'évanouissent devant des suppositions nouvelles.

DE L'ODEUR DES PLANTES.

L'odeur est la sensation produite par les émanations subtiles qui s'échappent des plantes et qui viennent frapper agréablement ou désagréablement la membrane olfactive, suivant les espèces ou variétés.

Le célèbre Linné, qui étudiait les végétaux sous tous les rapports, a réduit les odeurs presque infinies des plantes à sept principales, qui sont : 1° *l'aromatique*, comme dans les labiées, l'oranger ; 2° la *suave*, l'iris, le jasmin ; 3° *l'ambrée* ou *musquée*, les géraniums exotiques, la mauve musquée ; 4° *l'alliacée*, l'ail ; 5° *l'hircine* ou odeur de bouc, la vulvaire ; 6° la *stupéfiante*, ou *soporative*, le pavot, l'hièble ; 7° la *nauséabonde*, dont la fétidité peut quelquefois provoquer le vomissement ; elle est assez commune aux solanées et aux ombellifères, où se trouvent les poisons végétaux les plus nombreux. Les fleurs du *dracuntium* exhalent une odeur de cadavre en putréfaction ; celles du *spatelia* sentent la charogne.

L'odeur réside quelquefois dans toute la

plante, comme dans les labiées et les crucifères; souvent une seule de ses parties est odorante, la *racine* dans les valérianes, l'*écorce* et les *feuilles* dans les lauriers, les *fleurs* dans le plus grand nombre des végétaux.

DE LA SAVEUR DES PLANTES.

La saveur est cette sensation que fait éprouver une partie sapide d'un végétal mise en contact avec l'organe du goût.

Linné a essayé de classer les saveurs en ramenant à une même espèce toutes celles qui produisent sur l'organe du goût à peu près la même sensation. La saveur *sèche* est celle que produirait la sciure de bois mise sur la langue; la saveur *aqueuse* ou *insipide* désigne les plantes sans vertu; la saveur *visqueuse* a pour type celle de la gomme arabique, comme dans les tussilages, les mauves: la saveur *grasse,* la saveur *sucrée,* la saveur *amère;* la saveur *styptique* ou *astringente*, qui a pour type celle de la noix de galle; la saveur *acide*, la saveur *âcre*, celle du pied-de-veau; la saveur *nauséeuse*, les plantes narcotiques.

Les saveurs ne donnent pas toutes leurs impressions de la même manière. Il en est dont la sensation se fait sentir sur le moment, d'autres qui ne la donnent que quelques instants après: il en est qui n'ont point de durée, d'autres dont la durée se prolonge.

Les saveurs ne se font pas sentir également sur toutes les parties de la bouche. Par exemple, les feuilles de la paquerette, les racines de mercuriale, de jalap affectent la première partie de l'œsophage, les racines de l'absinthe l'œsophage dans son étendue. On dit que le palais est affecté par la racine du *solanum lethale*; la racine de la langue par l'*elaterium*; le milieu par la gentiane et la coloquinte; le bout et les lèvres par la plupart des corps sapides, etc. Toutes ces considérations méritent d'être vérifiées.

IRRITABILITÉ DES PLANTES.

Quoique les plantes soient dépourvues de sensibilité, la plupart néanmoins exécutent des mouvements qui ressemblent à ceux des animaux, au point qu'il est impossible de leur refuser un certain degré d'irritabilité. Ces mouvements ont lieu ordinairement chez les plantes légumineuses. La casse, par exemple, a des folioles qui s'abaissent en décrivant un quart de cercle et s'appliquent ensuite les unes contre les autres. Les feuilles de l'acacia, qui sont composées de dix-neuf à vingt et une folioles rangées sur un même pédoncule, exécutent aussi un mouvement d'irritabilité à plusieurs époques de la journée. Quand le jour est nébuleux et frais, la direction des folioles est horizontale ; lorsque le soleil brille, ces mêmes folioles se replient en forme de gouttière, et se relèvent presque perpendiculairement ; pendant la nuit et à l'instant de la rosée, toutes ces folioles se ferment en sens contraire.

Toutes les parties de la fleur, même le calice, sont irritables dans le vinetier épine-vinette ; mais de manière à ce qu'elle est moins sensible dans le calice que dans la corolle, moins dans celle-ci que dans les étamines. Qui n'a pas vu ou qui n'a pas ouï parler de l'attrape-mouche, dont la feuille est composée de deux lobes armés de pointes et de crochets ? Ces lobes se rapprochent vivement quand on les touche, se ferment et serrent étroitement l'insecte qui est venu se reposer sur eux. Les feuilles du rossolis manifestent une irritabilité à peu près semblable. L'ombre d'un homme, la présence d'un nuage, une commotion électrique, l'application d'un acide, un attouchement léger suffisent pour mette en mouvement toutes les parties de la sensitive.

HABITATION DES PLANTES.

Les végétaux ne sont pas jetés au hasard sur la surface de la terre. Chaque zone, chaque latitude a des plantes particulières; et dans la même contrée, suivant l'exposition, la qualité, l'humidité du sol, son élévation, la végétation offre un aspect différent.

Les algues prennent racine sur les récifs battus par les flots de la mer; les rivages de l'Océan voient naître les choux marins, les salicornes, les soudes; l'eau limpide des fontaines est habitée par les fontinales, les cressons; toutes les familles des joncs, des carex, des morènes se plaisent aux bords des rivières; les marais nourrissent dans leurs eaux des bruyères, des mousses, des joncs, des massettes, qui donnent un aspect verdoyant à leur surface; sur leurs bords croissent les tussilages, les prêles, les benoîtes, et plusieurs végétaux vénéneux au feuillage sombre et triste, tels que les ciguës, l'œnanthe, la renoncule scélérate. Les plantes montagneuses diffèrent autant de celles-ci par leur aspect que par leurs propriétés. Jusqu'à 1,600 mètres d'élévation on trouve les chênes; à 1,000 vivent les ifs, les pins, les sapins; là commencent les sous-arbrisseaux à tiges rampantes, que la neige couvre jusqu'au printemps, les rosages, les daphnés, les télèphes, les saules herbacés; au dessus et jusqu'à 3,500 mètres d'élévation végètent, au milieu des rocs et sous les glaciers, les lichens, les byssus, les mousses, les saxifrages, les renoncules montagneuses. Dans les pâturages, on trouve les brunelles, les boucages, les scabieuses et une immensité de graminées; les serpolets, la drave printanière, la coquelourde aiment les champs incultes; la giroflée sauvage, image de l'amitié constante dans le malheur, préfère les ruines abandonnées aux lieux les plus fertiles; les coquelicots, les pieds-d'alouette, l'ivraie se plaisent dans les moissons; les forêts protègent de leur ombrage les fraisiers, les muguets, la belladone et les violettes, etc. (1).

CHAPITRE IV.

Des méthodes botaniques.

On connait actuellement quarante à cinquante mille espèces de plantes. Pour parvenir à distinguer les uns des autres cette quantité d'êtres si divers, on a imaginé des moyens plus ou

(1) Voyez *Études de la nature*, tome 2, ch. XI de notre édition, où les harmonies des plantes et des graines avec les eaux, les vents, les animaux et les lieux où elles doivent naître et végéter sont décrites avec un style toujours clair et enchanteur.

moins ingénieux de les classer d'après leur analogie et les rapports constants qui existent entre les parties les plus importantes des végétaux. Ces systèmes ou méthodes peuvent se réduire à trois principaux, le système de Tournefort, celui de Linné et la méthode de Jussieu.

MÉTHODE DE TOURNEFORT (1).

C'est la plus simple et la plus facile de toutes les méthodes ; elle est principalement fondée sur la forme et les divisions de la corolle.

Toutes les plantes sont d'abord comprises dans deux grandes classes : les *herbes* et les *sous-arbrisseaux ;* les *arbres* et les *arbrisseaux*.

Chacune de ces classes se sous-divise en deux sections : fleurs *pétalées* et fleurs *apétales ;* et les fleurs pétalées sont elles-mêmes simples ou composées, monopétales ou polypétales, régulières ou irrégulières.

Herbes à fleurs simples, monopétales et régulières.

CLASSE I. *Campaniformes*, ou en cloche (le liseron, les mauves).

CLASSE II. *Infundibuliformes*, ou en entonnoir (la pervenche, le tabac).

(1) Tournefort naquit en 1656 à Aix, en Provence, et mourut en 1708; il mérita le surnom de restaurateur de la botanique.

Herbes à fleurs simples, monopétales et irrégulières.

CLASSE III. *Personnées*, ou en masque (l'ortie blanche).

CLASSE IV. *Labiées*, ou en gueule (le basilic).

Herbes à fleurs simples, polypétales régulières.

CLASSE V. *Crucifères* (la giroflée).
— VI. *Rosacées* (la rose, le poirier).
— VII. *Ombellifères* (la carotte).
— VIII. *Cariophyllées* (l'œillet).
— IX. *Liliacées* (le lis).

Herbes à fleurs simples, polypétales et irrégulières.

CLASSE X. *Papilionacées* (le pois, le faux-acacia).

CLASSE XI. *Anomales* (la capucine, le pied-d'alouette).

Herbes à fleurs composées (réunion de plusieurs petites fleurs ou fleurons sur un réceptacle commun).

CLASSE XII. *Flosculeuses :* composées dont les fleurons ont une corolle régulière et cinq divisions (le bluet).

CLASSE XIII. *Demi-flosculeuses :* fleurons terminés en languettes (le pissenlit).

CLASSE XIV. *Radiées :* deux espèces de fleurons, au disque des flosculeux; au rayon des semi-flosculeux (le souci).

Herbes à fleurs apétales.

CLASSE XV. *Apétales* pourvues d'un cali ce apparent (l'orge).

Classe XVI. *Apétales* sans fleurs apparentes : paquets poudreux sur le dos des feuilles ou sur des épis (les fougères).

Classe XVII. *Apétales* sans fleurs ni graines apparentes (les mousses, les algues, les champignons).

Arbres à fleurs sans corolle.

Classe XVIII. *Apétales* proprement dites (le frêne).

Classe XIX. *Amentacées*, ou fleurs en chaton (le saule).

Arbres à fleurs pétalées.

Classe XX. *Pétalées* à corolle monopétale (le jasmin).

Classe XXI. *Pétalées* à corolle polypétale régulière ou arbres rosacés (le poirier).

Classe XXII. *Pétalées* à corolle polypétale irrégulière, ou arbres papilionacés (le faux-acacia).

SYSTÈME SEXUEL DE LINNÉ (1).

Linné partagea les végétaux en vingt-quatre classes dont les caractères sont tirés du nombre des étamines, de leur proportion, de leur connexion ou de leur absence. Chacune de ces classes est divisée en ordres, chaque ordre en genres, chaque genre en espèces.

(1) Linné naquit en Suède en 1707 ; il devint à l'école de son père le plus grand botaniste de l'Europe, et mourut en 1778, la même année que J.-J. Rousseau et Voltaire.

Caractères fondés sur le nombre des étamines.

Classe I. *Monandrie*, une seule étamine (le balisier).

Classe II. *Diandrie*, deux étamines (la sauge).

Classe III. *Triandrie*, trois étamines (le froment, l'iris).

Classe IV. *Tétrandrie*, quatre étamines (le cornouiller).

Classe V. *Pentandrie*, cinq étamines (le chèvrefeuille).

Classe VI. *Hexandrie*, six étamines (le lis).

Classe VII. *Heptandrie*, sept étamines (le marronnier d'Inde).

Classe VIII. *Octandrie*, huite étamines (le blé-sarrasin).

Classe IX. *Ennéandrie*, neuf étamines (le laurier).

Classe X. *Décandrie*, dix étamines (l'œillet).

Classe XI. *Dodécandrie*, depuis douze jusqu'à vingt étamines (la silicaire).

Caractères fondés sur la position et le nombre des étamines.

Classe XII. *Icosandrie*, environ vingt étamines insérées au tube du calice (la rose).

Classe XIII. *Polyandrie*, de vingt à cent étamines insérées sous l'ovaire (les cistes).

Caractères fondés sur le nombre et la proportion des étamines.

Classe XIV. *Didynamie*, quatre étamines, dont deux longues et deux courtes (les labiées).

Classe XV. *Tétradynamie*, six étamines,

quatre longues et deux courtes (les crucifères).

Caractères fondés sur la connexion des étamines.

CLASSE XVI. *Monadelphie,* les étamines réunies par le filet, les anthères libres (la mauve).

CLASSE XVII. *Diadelphie,* étamines réunies en deux faisceaux par les filets (les papilionacées).

CLASSE XVIII. *Polyadelphie,* filets des étamines réunis en trois corps ou plus (l'oranger).

CLASSE XIX. *Syngénésie,* anthères réunies en un seul corps, le style libre (les fleurs composées).

Caractères fondés sur la position des étamines.

CLASSE XX. *Gynandrie,* étamines insérées sur le pistil (l'arum).

Caractères fondés sur la présence et la combinaison des étamines.

CLASSE XXI. *Monoécie,* fleurs unisexuelles sur la même plante (le noyer).

CLASSE XXII. *Dioécie,* fleurs unisexuelles sur des pieds séparés (le chanvre).

CLASSE XXIII. *Polygamie,* fleurs hermaphrodites, et fleurs unixesuelles sur un même ou sur différents pieds (le frêne).

Caractères fondés sur l'absence des étamines.

CLASSE XXIV. *Crpptogamie,* plantes dont les sexes sont cachés et inconnus (les champignons, les algues, les mousses, les lichens, les fougères).

MÉTHODE NATURELLE DE JUSSIEU (1).

La méthode de Jussieu a le triple avantage de réunir toutes les familles naturelles, de rassembler toutes les plantes dont les vertus sont analogues, et de les lier de manière à ne point laisser de vide entre elles.

Toutes les plantes connues sont rangées dans trois grandes sections : 1° plantes acotylédones; 2° monocotylédones; 3° dicotylédones.

Les plantes *acotylédones* sont celles dont l'embryon de la graine est dépourvu de cotylédons; ou, ce qui est la même chose, dont la plumule sort de terre sans être accompagnée de ses premières feuilles qui, dans le haricot, sont épaisses et charnues, et auxquelles on a donné le nom de *lobes séminaux* ou *feuilles séminales*.

Les plantes *monocotylédones* sont celles qui, comme le froment, au moment de la germination de leurs graines, ne font jamais paraître hors de la terre qu'une seule feuille séminale.

Les *dicotylédones* sont celles qui, comme le haricot, sont accompagnées à l'époque de leur germination de deux cotylédons ou feuilles séminales.

(1) Jussieu naquit à Lyon en 1748. La science et les vertus semblent héréditaires dans cette famille.

On objectera peut-être que, pour s'assurer à laquelle de ces trois divisions une plante doit appartenir, il faut être témoin oculaire de la germination de la graine, et que cela paraît difficile, pour ne pas dire impossible : point du tout, il suffit de se souvenir que les plantes *acotylédones* sont celles que Linné a nommées *cryptogames,* c'est à dire que leurs organes sexuels sont invisibles ou très difficiles à découvrir.

Les *monocotylédones* sont celles qui, quoique pourvues d'étamines et de pistils, manquent absolument de corolle.

Les *dicotylédones* enfin, qui sont dix fois plus nombreuses que les deux autres ensemble, ne peuvent être confondues avec elles, puisque le plus grand nombre des dicotylédones est non seulement pourvu d'étamines et de pistils, mais encore d'une corolle apétale, monopétale ou polypétale.

Cette belle méthode, qui copie la nature et en a l'admirable simplicité, présuppose la connaissance acquise des méthodes ou systèmes artificiels de Tournefort et de Linné.

SECTION I.

CLASSE I. Plantes *acotylédones* (les champignons, etc.).

SECTION II.

CLASSE II. Plantes *monocotylédones*, étamines *hypogynes* ou posées sous le pistil (les graminées, les arum).

CLASSE III. Etamines *périgynes* ou attachées sur le calice (les palmiers, les liliacées, etc.).

CLASSE IV. Etamines *épigynes* ou posées sur le pistil (les narcisses, les iris, etc.).

SECTION III.

CLASSE V. Plantes *dicotylédones*, apétales à étamines *épigynes* (les aristoloches).

CLASSE VI. Apétales à étamines *périgynes* (les arroches, etc.).

CLASSE VII. Apétales, étamines *hypogynes* (les amaranthes, les plantains, etc.).

CLASSE VIII. Monopétales, étamines *hypogynes* (les primevères, les labiées, les jasminées, etc.).

CLASSE IX. Monopétales, étamines *périgynes* (les bruyères, les campanules, etc.).

CLASSE X. Monopétales, étamines *épigynes*, anthères réunies (les corymbifères, etc.).

CLASSE XI. Monopétales, étamines *épigynes*, anthères distinctes (les valérianes, les chèvrefeuilles, etc.).

CLASSE XII. Polypétales, étamines *épigynes* (les aralies, les ombellifères).

CLASSE XIII. Polypétales, étamines *hypogynes* (les renoncules, les pavots, etc.).

CLASSE XIV. Polypétales, étamines *périgynes*, (les myrtes, les rosacées, les légumineuses, etc.).

CLASSE XV. *Monoïques*, *dioïques* et *polygames* (les euphorbes, les cucurbitacées, les passiflorées, les myristicées, les orties, les amentacées, les conifères, les cycadées).

LETTRES

SUR LA BOTANIQUE,

PAR J.-J. ROUSSEAU.

LETTRES
SUR LA BOTANIQUE.

A MADAME DE LESSERT.

LETTRE PREMIÈRE.

SUR LES LILIACÉES.

Du 22 août 1771.

Votre idée d'amuser un peu la vivacité de votre fille et de l'exercer à l'attention sur des objets agréables et variés comme les plantes me paraît excellente, et j'y concourrai, persuadé qu'à tout âge l'étude de la nature émousse le goût des amusements frivoles, prévient le tumulte des passions et porte à l'ame une nourriture qui lui profite en la remplissant du plus digne objet de ses contemplations.

Vous avez commencé par apprendre à la petite les noms d'autant de plantes que vous en aviez de communes sous les yeux : c'était précisément ce qu'il fallait faire. Ce petit nombre de plantes qu'elle connaît de vue sont les pièces de comparaison pour étendre ses connaissances; mais elles ne suffisent pas. Vous me demandez un petit catalogue des plantes les plus connues avec des marques pour les reconnaître. Je trouve à cela quelque embarras ; c'est de vous donner par écrit ces marques ou caractères d'une manière claire et cependant peu diffuse. Cela me paraît impossible sans employer la langue de la chose, et les termes de cette langue forment un vocabulaire à part que vous ne sauriez entendre s'il ne vous est préalablement expliqué.

D'ailleurs ne connaître simplement les plantes que de vue et ne savoir que leurs noms ne peut être qu'une étude trop insipide pour des esprits comme les vôtres, et il est à présumer que votre fille ne s'en amuserait pas longtemps. Je vous propose de prendre quelques notions préliminaires de la structure végétale ou de l'organisation des plantes, afin, dussiez-vous ne faire que quelques pas dans le plus beau, dans le plus riche des trois règnes de la nature, d'y marcher du moins avec quelques lumières. Il ne s'agit donc pas encore de la nomenclature, qui n'est qu'un savoir d'herboriste. J'ai toujours cru qu'on pouvait être un très grand botaniste sans connaître une seule plante par son nom ; et, sans vouloir faire de votre fille un très grand botaniste, je crois néanmoins qu'il lui sera toujours utile d'apprendre à bien voir ce qu'elle regarde. Ne vous effarouchez pas au reste de l'entreprise ; vous connaitrez bientôt qu'elle n'est pas grande. Il n'y a rien de compliqué ni de difficile à suivre dans ce que j'ai à vous proposer ; il ne s'agit que d'avoir la patience de commencer par le commencement ; après cela on n'avance qu'autant qu'on veut.

Nous touchons à l'arrière-saison, et les plantes dont la structure a le plus de simplicité sont déjà passées. D'ailleurs je vous demande quelque temps pour mettre un peu d'ordre dans vos observations. Mais, en attendant que le printemps nous mette à portée de commencer et de suivre le cours de la nature, je vais toujours vous donner quelques mots du vocabulaire à retenir.

Une plante parfaite est composée de racine, de tige, de branches, de feuilles, de fleurs et de fruit (car on appelle fruit en botanique, tant dans les herbes que dans les arbres, toute la fabrique de la semence). Vous connaissez déjà tout cela, du moins assez pour entendre le mot ; mais il y a une partie principale qui demande un plus grand examen ; c'est la *fructification*, c'est à dire la *fleur* et le *fruit*. Commençons par la fleur, qui vient la première. C'est dans cette partie que la nature a renfermé le sommaire de son ouvrage ; c'est par elle qu'elle le perpétue, et c'est aussi de toutes les parties du végétal la plus éclatante pour l'ordinaire, toujours la moins sujette aux variations.

Prenez un lis; je pense que vous en trouverez encore aisément en pleine fleur. Avant qu'il s'ouvre, vous voyez, à l'extrémité de la tige, un bouton oblong verdâtre, qui blanchit à mesure qu'il est prêt à s'épanouir; et quand il est tout à fait ouvert, vous voyez son enveloppe blanche prendre la forme d'un vase divisé en plusieurs segments. Cette partie enveloppante et colorée, qui est blanche dans le lis, s'appelle *corolle*, et non pas la fleur comme chez le vulgaire, parce que la fleur est un composé de plusieurs parties dont la corolle est seulement la principale.

La corolle du lis n'est pas d'une seule pièce, comme il est facile à voir. Quand elle se fane et tombe, elle tombe en six pièces bien séparées, qui s'appellent des pétales. Toute corolle de fleur qui est ainsi de plusieurs pièces s'appelle corolle *polypétale*. Si la corolle n'était que d'une seule pièce, comme par exemple dans le liseron, appelé clochette des champs, elle s'appellerait *monopétale*. Revenons à notre lis.

Dans la corolle, vous trouverez précisément au milieu une espèce de petite colonne attachée au fond, et qui pointe directement vers le haut. Cette colonne, prise dans son entier, s'appelle le *pistil*: prise dans ses parties, elle se divise en trois : 1° sa base renflée en cylindre avec trois angles arrondis tout autour : cette base s'appelle le *germe* ; 2° un filet posé sur le germe : ce filet s'appelle *style*; 3° le style est couronné par une espèce de chapiteau avec trois échancrures : ce chapiteau s'appelle le *stigmate*. Voilà en quoi consistent le pistil et ses trois parties.

Entre le pistil et la corolle vous trouverez six autres corps bien distincts qui s'appellent les *étamines* ; chaque étamine est composée de deux parties; savoir, une plus mince par laquelle l'étamine tient au fond de la corolle, et qui s'appelle le *filet* ; une plus grosse qui tient à l'extrémité supérieure du filet, et qui s'appelle *anthère*. Chaque anthère est une boîte qui s'ouvre quand elle est mûre, et verse une poussière jaune très odorante, dont nous parlerons dans la suite : cette poussière, jusqu'ici, n'a point de nom français ; chez les botanistes, on l'appelle le *pollen*, mot qui signifie poussière.

Voilà l'analyse grossière des parties de la fleur. A mesure que la corolle se fane et tombe, le germe grossit et devient une capsule triangulaire allongée, dont l'intérieur contient des semences plates distribuées en trois loges. Cette capsule, considérée comme l'enveloppe des graines, prend le nom de *péricarpe*. Mais je n'entreprendrai pas ici l'analyse du fruit : ce sera le sujet d'une autre lettre.

Les parties que je viens de vous nommer se trouvent également dans les fleurs de la plupart des autres plantes, mais à divers degrés de proportion, de situation et de nombre. C'est par l'analogie de ces parties et par leurs diverses combinaisons que se déterminent les diverses familles du règne végétal ; et ces analogies des parties de la fleur se lient avec d'autres analogies des parties de la plante, qui semblent n'avoir aucun rapport à celles-là. Par exemple, ce nombre de six étamines, quelquefois seulement trois, de six pétales ou divisions de la corolle, et cette forme triangulaire à trois loges de l'ovaire, déterminent toute la famille des liliacées ; et dans toute cette même famille, qui est très nombreuse, les racines sont toutes des oignons ou *bulbes* plus ou moins marqués, et variés quant à leur figure ou composition. L'ognon du lis est composé d'écailles en recouvrement ; dans l'asphodèle, c'est une liasse de navets allongés ; dans le safran, ce sont deux bulbes l'une sur l'autre ; dans le colchique, à côté l'une de l'autre, mais toujours des bulbes.

Le lis, que j'ai choisi parce qu'il est de la saison, et aussi à cause de la grandeur de sa fleur et de ses parties, qui les rend plus sensibles, manque cependant d'une des parties constitutives d'une fleur parfaite, savoir le calice. Le *calice* est cette partie verte et divisée communément en cinq folioles, qui soutient et embrasse par le bas la corolle, et qui l'enveloppe tout entière avant son épanouissement, comme vous aurez pu le remarquer dans la rose. Le calice, qui accompagne presque toutes les autres fleurs, manque à la plupart des liliacées, comme la tulipe, la jacinthe, le narcisse, la tubéreuse, etc., et même l'oignon, le poireau, l'ail, qui sont aussi de véritables liliacées, quoiqu'elles paraissent fort différentes au premier coup d'œil. Vous verrez encore que, dans toute cette même famille, les tiges sont simples et peu rameuses, les feuilles entières et jamais découpées; observations qui confirment dans cette famille l'analogie de la fleur et du fruit par celle des autres parties de la plante. Si vous suivez ces détails avec quelque attention, et que vous vous les rendiez familiers par des observations fréquentes, vous voilà déjà en état de déterminer, par l'inspection attentive et suivie d'une plante, si elle est ou non de la famille des liliacées, et cela sans savoir le nom de cette plante. Vous voyez que ce n'est plus ici un simple travail de la mémoire, mais une étude d'observations et de faits vraiment digne d'un naturaliste. Vous ne commencerez pas par dire tout cela à votre fille, et encore moins dans la suite, quand vous serez initiée dans les mystères de la végétation; mais vous ne lui développerez par degrés que ce qui peut convenir à son âge et à son sexe, en la guidant pour trouver les choses par elle-même plutôt qu'en les lui apprenant. Bonjour, chère cousine; si tout ce fatras vous convient, je suis à vos ordres.

LETTRE II.

SUR LES CRUCIFÈRES.

Du 18 octobre 1771.

Puisque vous connaissez si bien, chère cousine, les premiers linéaments des plantes, quoique si légèrement marqués, que votre œil clairvoyant sait déjà distinguer un air de famille dans les liliacées, et que notre chère petite botaniste s'amuse de corolles et de pétales, je vais vous proposer une autre famille sur laquelle elle pourra derechef exercer son petit savoir avec un peu plus de difficulté pourtant, je l'avoue, à cause des fleurs beaucoup plus petites, du feuillage plus varié, mais avec le même plaisir de sa part et de la vôtre, du moins si vous en prenez autant à suivre cette route fleurie que j'en trouve à vous la tracer.

Quand les premiers rayons du printemps auront éclairé vos progrès, en vous montrant dans les jardins les jacinthes, les tulipes, les narcisses, les jonquilles et les muguets, dont l'analyse vous est déjà connue, d'autres fleurs arrêteront bientôt vos regards, et vous demanderont un nouvel examen : tels seront les giroflées ou violiers ; telles les juliennes ou girardes. Tant que vous les trouverez doubles, ne vous attachez pas à leur examen ; elles seront défigurées, ou, si vous voulez, parées à notre mode ; la nature ne s'y trouvera plus ; elle refuse de se reproduire par des monstres ainsi mutilés ; car si la partie la plus brillante, savoir la corolle, s'y multiplie, c'est aux dépens des parties plus essentielles qui disparaissent sous cet éclat.

Prenez donc une giroflée simple, et procédez à l'analyse de sa fleur. Vous y trouverez d'abord une partie extérieure qui manque dans les liliacées, savoir le calice. Ce calice est de quatre pièces, qu'il faut bien appeler feuilles ou folioles, puisque nous n'avons point de mot propre pour les exprimer, comme le mot pétales pour les pièces de la corolle. Ces quatre pièces, pour l'ordinaire, sont inégales de deux en deux ; c'est à dire deux folioles opposées l'une à l'autre, égales entre elles, plus petites; et les deux autres, aussi égales entre elles et opposées, plus grandes, et surtout par le bas, où leur arrondissement fait en dehors une bosse assez sensible.

Dans ce calice, vous trouverez une corolle composée de quatre pétales, dont je laisse à part la couleur, parce qu'elle ne fait point caractère. Chacun de ces pétales est attaché au réceptacle ou fond du calice par une partie étroite et pâle, qu'on appelle l'*onglet*, et déborde le calice par une partie plus large et plus colorée, qu'on appelle la *lame*.

Au centre de la corolle est un pistil allongé cylindrique ou à peu près, terminé par un style très court, lequel est terminé lui-même par un stigmate oblong, *bifide*, c'est à dire partagé en deux parties qui se réfléchissent de part et d'autre.

Si vous examinez avec soin la position respective du calice et de la corolle, vous verrez que chaque pétale, au lieu de correspondre exactement à chaque foliole du calice, est posé au contraire entre les deux, de sorte qu'il répond à l'ouverture qui les sépare, et cette position alternative a lieu dans toutes les espèces de fleurs qui ont un nombre égal de pétales à la corolle et de folioles au calice.

Il nous reste à parler des étamines. Vous les trouverez dans la giroflée au nombre de six, comme dans les liliacées, mais non pas de même égales entre elles, ou alternativement inégales ; car vous en verrez seulement deux en opposition l'une de l'autre, sensiblement plus courtes que les autres qui les séparent, et qui en sont aussi séparées de deux en deux.

Je n'entrerai pas ici dans le détail de leur structure et de leur position ; mais je vous préviens que, si vous y regardez bien, vous trouverez la raison pourquoi ces deux étamines sont plus courtes que les autres, et pourquoi deux folioles du calice sont plus bossues, ou, pour parler en termes de botanique, plus gibbeuses et les deux autres plus aplaties.

Pour achever l'histoire de notre giroflée, il ne faut pas l'abandonner après avoir analysé sa fleur, mais il faut attendre que la corolle se flétrisse et tombe, ce qu'elle fait promptement, et remarquer alors ce que devient le pistil, composé, comme nous l'avons dit ci-devant, de l'ovaire ou péricarpe, du style et du stigmate. L'ovaire s'allonge beaucoup et s'élargit un peu à mesure que le fruit mûrit. Quand il est mûr, cet ovaire ou fruit devient une espèce de gousse plate appelée *silique*.

Cette silique est composée de deux valvule

posées l'une sur l'autre, et séparées par une cloison fort mince appelée *médiastin*.

Quand la semence est tout à fait mûre, les valvules s'ouvrent de bas en haut pour lui donner passage, et restent attachées au stigmate par leur partie supérieure.

Alors on voit des graines plates et circulaires posées sur les deux faces du médiastin; et si l'on regarde avec soin comment elles y tiennent, on trouve que c'est par un court pédicule qui attache chaque graine alternativement à droite et à gauche aux sutures du médiastin, c'est à dire à ses deux bords, par lesquels il était comme cousu avec les valvules avant leur séparation.

Je crains fort, chère cousine, de vous avoir un peu fatiguée par cette longue description; mais elle était nécessaire pour vous donner le caractère essentiel de la nombreuse famille des *crucifères* ou fleurs en croix, laquelle compose une classe entière dans presque tous les systèmes des botanistes, et cette description, difficile à entendre ici sans figure, vous deviendra plus claire, j'ose l'espérer, quand vous la suivrez avec quelque attention ayant l'objet sous les yeux.

Le grand nombre d'espèces qui composent la famille des crucifères a déterminé les botanistes à la diviser en deux sections qui, quant à la fleur, sont parfaitement semblables, mais diffèrent sensiblement quant au fruit.

La première section comprend les crucifères *à silique*, comme la giroflée, dont je viens de parler, la julienne, le cresson de fontaine, les choux, les raves, les navets, la moutarde, etc.

La seconde section comprend les crucifères *à silicule*, c'est à dire dont la silique en diminutif est extrêmement courte, presque aussi large que longue, et autrement divisée en dedans, comme entre autres le cresson alénois, dit *nasitort* ou *natou*, le thlaspi, appelé *taraspi* par les jardiniers, le cochléaria, la linaire, qui, quoique la gousse en soit fort grande, n'est pourtant qu'une silicule, parce que sa longueur excède peu sa largeur. Si vous ne connaissez ni le cresson alénois, ni le cochléaria, ni le thlaspi, ni la linaire, vous connaissez du moins, je le présume, la bourse-à-pasteur, si commune parmi les mauvaises herbes des jardins. Eh bien! cousine, la bourse-à-pasteur est une crucifère à silicule, dont la silicule est triangulaire. Sur celle-là vous pouvez vous former une idée des autres, jusqu'à ce qu'elles vous tombent sous la main.

Il est temps de vous laisser respirer, d'autant plus que cette lettre, avant que la saison vous permette d'en faire usage, sera, j'espère, suivie de plusieurs autres, où je pourrai ajouter ce qui reste à dire de nécessaire sur les crucifères, et que je n'ai pas dit dans celle-ci. Mais il est bon peut-être de vous prévenir dès à présent que, dans cette famille et dans beaucoup d'autres, vous trouverez souvent des fleurs beaucoup plus petites que la giroflée, et quelquefois si petites que vous ne pourrez guère examiner leurs parties qu'à la faveur d'une loupe, instrument dont un botaniste ne peut se passer, non plus que d'une pointe, d'une lancette et d'une paire de bons ciseaux fins à découper. En pensant que votre zèle maternel peut vous mener jusque-là, je me fais un tableau charmant de ma belle cousine, empressée avec son verre à éplucher des monceaux de fleurs, cent fois moins fleuries, moins fraîches et moins agréables qu'elle. Bonjour, cousine, jusqu'au chapitre suivant.

LETTRE III.

SUR LES PAPILIONACÉES.

Du 16 mai 1772.

Je suppose, chère cousine, que vous avez bien reçu ma précédente réponse, quoique vous ne m'en parliez point dans votre seconde lettre.

Répondant maintenant à celle-ci, j'espère sur ce que vous m'y marquez que la maman bien rétablie est partie en bon état pour la Suisse. Comme tante, Julie a dû partir avec elle : j'ai chargé M. G., qui retourne au Val-de-Travers, du petit herbier qui lui est destiné, et je l'ai mis à votre adresse, afin qu'en son absence vous puissiez le recevoir et vous en servir, si tant est que, parmi ces échantillons informes, il se trouve quelque chose à votre usage. Au reste, je n'accorde pas que vous ayez des droits sur ce chiffon. Vous en avez sur celui qui l'a fait, les plus forts et les plus chers que je connaisse ; mais pour l'herbier il fut promis à votre sœur lorsqu'elle herborisait avec moi dans nos promenades à la croix de Vague, et que vous ne songiez à rien moins dans celle où mon cœur et mes pieds vous suivaient avec grand'maman en Vaise. Je rougis de lui avoir tenu parole si tard et si mal ; mais enfin elle avait sur vous à cet égard ma parole et l'antériorité. Pour vous, ma chère cousine, si je ne vous promets pas un herbier de ma main, c'est pour vous en procurer un plus précieux de la main de votre fille si vous continuez à suivre avec elle cette douce et charmante étude qui remplit d'intéressantes observations sur la nature ces vides du temps que les autres consacrent à l'oisiveté ou à pis.

Quant à présent, reprenons le fil interrompu de nos familles végétales.

Mon intention est de vous décrire d'abord six de ces familles, pour vous familiariser avec la structure générale des parties caractéristiques des plantes. Vous en avez déjà deux; reste à quatre, qu'il faut encore avoir la patience de suivre; après quoi, laissant pour un temps les autres branches de cette nombreuse lignée, et passant à l'examen des parties différentes de la fructification, nous ferons en sorte que, sans peut-être connaître beaucoup de plantes, vous ne serez jamais en terre étrangère parmi les productions du règne végétal.

Mais je vous préviens que, si vous voulez prendre des livres et suivre la nomenclature ordinaire, avec beaucoup de noms vous aurez peu d'idées; celles que vous aurez se brouilleront, et vous ne suivrez bien ni ma marche ni celle des autres, et n'aurez tout au plus qu'une connaissance de mots. Chère cousine, je suis jaloux d'être votre seul guide dans cette partie. Quand il en sera temps, je vous indiquerai les livres que vous pourrez consulter. En attendant, ayez la patience de ne lire que dans celui de la nature, et de vous en tenir à mes lettres. Les pois sont à présent en pleine fructification. Saisissons ce moment pour observer leur caractère; il est un des plus curieux que puisse offrir la botanique. Toutes les fleurs se divisent généralement en régulières et irrégulières. Les premières sont celles dont toutes les parties s'écartent uniformément du centre de la fleur, et aboutiraient ainsi par leurs extrémités extérieures à la circonférence d'un cercle. Cette uniformité fait qu'en présentant à l'œil les fleurs de cette espèce il n'y distingue ni dessus, ni dessous, ni droite, ni gauche; telles sont les deux familles ci-devant examinées. Mais, au premier coup d'œil, vous verrez qu'une fleur de pois est irrégulière, qu'on y distingue aisément dans la corolle la partie plus longue, qui doit être en haut, de la plus courte, qui doit être en bas, et qu'on connaît fort bien, en présentant la fleur vis à vis de l'œil, si on la tient dans sa situation naturelle ou si on la renverse. Ainsi, toutes les fois qu'examinant une fleur irrégulière on parle du haut et du bas, c'est en la plaçant dans sa situation naturelle.

Comme les fleurs de cette famille sont d'une construction fort particulière, non seulement il faut avoir plusieurs fleurs de pois et les disséquer successivement pour observer toutes leurs parties l'une après l'autre, il faut même suivre le progrès de la fructification depuis la première floraison jusqu'à la maturité du fruit.

Vous trouverez d'abord un calice *monophylle*, c'est à dire d'une seule pièce, terminé en cinq pointes bien distinctes, dont deux un peu plus larges sont en haut, et les trois plus étroites en bas. Ce calice est recourbé vers le bas, de même que le pédicule qui le soutient, lequel pédicule est très délié, très mobile, en sorte que la fleur suit aisément le courant de l'air, et présente ordinairement son dos au vent et à la pluie.

Le calice examiné, on l'ôte en le déchirant délicatement, de manière que le reste de la fleur demeure entier, et alors vous voyez clairement que la corolle est polypétale.

Sa première pièce est un grand et large pétale qui couvre les autres, et occupe la partie supérieure de la corolle, à cause de quoi ce grand pétale a pris le nom de *pavillon*. On l'appelle aussi l'*étendard*. Il faudrait se boucher les yeux et l'esprit pour ne pas voir que ce pétale est là comme un parapluie pour garantir ceux qu'il couvre des principales injures de l'air.

En enlevant le pavillon comme vous avez fait le calice, vous remarquerez qu'il est emboîté de chaque côté par une petite oreillette dans les pièces latérales, de manière que sa situation ne puisse être dérangée par le vent.

Le pavillon ôté laisse à découvert ces deux pièces latérales auxquelles il était adhérent par ses oreillettes; ces pièces s'appellent les *ailes*. Vous trouverez, en les détachant, qu'emboîtées encore plus fortement avec celle qui reste, elles n'en peuvent être séparées sans quelque effort. Aussi les ailes ne sont guère moins utiles pour garantir les côtes de la fleur que le pavillon pour la couvrir.

Les ailes ôtées vous laissent voir la dernière pièce de la corolle, pièce qui couvre et défend le centre de la fleur, et l'enveloppe, surtout par dessous, aussi soigneusement que les trois autres pétales enveloppent le dessus et les côtés. Cette dernière pièce, qu'à cause de sa forme on appelle la *nacelle,* est comme le coffre-fort dans lequel la nature a mis son trésor à l'abri des atteintes de l'air et de l'eau.

Après avoir bien examiné ce pétale, tirez-le doucement par dessous en le pinçant légèrement par la quille, c'est à dire par la prise mince qu'il vous présente, de peur d'enlever avec lui ce qu'il enveloppe. Je suis sûr qu'au moment où ce dernier pétale sera forcé de lâcher prise et de déceler le mystère qu'il cache vous ne pourrez, en l'apercevant, vous abstenir de faire un cri de surprise et d'amiration.

Le jeune fruit qu'enveloppait la nacelle est construit de cette manière: une membrane cylindrique, terminée par dix filets bien distincts, entoure l'ovaire, c'est à dire l'embryon de la gousse ; ces dix filets sont autant d'étamines qui se réunissent par le bas autour du germe, et se terminent par le haut en autant d'anthères jaunes dont la poussière va féconder le stigmate qui termine le pistil, et qui, quoique jaune aussi par la poussière fécondante qui s'y attache, se distingue aisément des étamines par sa figure et par sa grosseur. Ainsi ces dix étamines forment encore autour de l'ovaire une dernière cuirasse pour le préserver des injures du dehors.

Si vous y regardez de bien près vous trouverez que ces dix étamines ne font, par leur base, un seul corps qu'en apparence; car dans la partie supérieure de ce cylindre il y a une pièce ou étamine qui d'abord paraît adhérente aux autres, mais qui, à mesure que la fleur se fane et que le fruit grossit, se détache et laisse une ouverture en dessus, par laquelle ce fruit grossissant peut s'étendre en entr'ouvrant et écartant de plus en plus le cylindre qui, sans cela, le comprimant et l'étranglant tout autour, l'empêcherait de grossir et de profiter. Si la fleur n'est pas assez avancée, vous ne verrez pas cette étamine détachée du cylindre; mais passez un camion dans deux petits trous que vous trouverez près du réceptacle à la base de cette étamine, et bientôt vous verrez l'étamine avec son anthère suivre l'épingle et se détacher des neuf autres, qui continueront toujours de faire ensemble un seul corps, jusqu'à ce qu'elles se flétrissent et dessèchent quand le germe fécondé devient gousse et qu'il n'a plus besoin d'elles.

Cette *gousse,* dans laquelle l'ovaire se change en mûrissant, se distingue de la *silique* des crucifères en ce que dans la *silique* les graines sont attachées alternativement aux deux sutures, au lieu que, dans la gousse, elles ne sont attachées que d'un côté, c'est à dire à une seulement des deux sutures, tenant alternativement, à la vérité, aux deux valves qui la composent, mais toujours du même côté. Vous saisirez parfaitement cette différence si vous ouvrez en même temps la *gousse* d'un pois et la *silique* d'une giroflée, ayant attention de ne les prendre ni l'une ni l'autre en parfaite maturité, afin qu'après l'ouverture du fruit les graines restent attachées par leurs ligaments à leurs sutures et à leurs valvules.

Si je me suis bien fait entendre, vous comprendrez, chère cousine, quelles étonnantes précautions ont été accumulées par la nature pour amener l'embryon du pois à maturité, et le garantir surtout au milieu des plus grandes pluies de l'humidité, qui lui est funeste, sans cependant l'enfermer dans une coque dure qui en eût fait une autre sorte de fruit. Le suprême ouvrier, attentif à la conservation de tous les êtres, a mis de grands soins à garantir la fructification des plantes des atteintes qui lui peuvent nuire ; mais il paraît avoir redoublé d'attention pour celles qui servent à la nourriture de l'homme et des animaux, comme la plupart des légumineuses. L'appareil de la fructification du pois est, en diverses proportions, le même dans toute cette famille. Les fleurs y portent le nom de *papilionacées*, parce qu'on a cru y voir quelque chose de semblable à la figure d'un papillon ; elles ont généralement un *pavillon*, deux *ailes*, une *nacelle*, ce qui fait communément quatre pétales irrégulières. Mais il y a des genres où la nacelle se divise dans sa longueur en deux pièces presque adhérentes par la quille, et ces fleurs-là ont réellement cinq pétales ; d'autres, comme le trèfle des prés, ont toutes leurs parties attachées en une seule pièce, et, quoique papilionacées, ne laissent pas d'être monopétales.

Les papilionacées ou légumineuses sont une des familles des plantes les plus nombreuses et les plus utiles. On y trouve les fèves, les genêts, les luzernes, sainfoins, lentilles, vesces, gesses, les haricots, dont le caractère est d'avoir la nacelle contournée en spirale, ce qu'on prendrait d'abord pour un accident. Il y a des arbres, entre autres, celui qu'on appelle vulgairement acacia, et qui n'est pas le véritable acacia; l'indigo, la réglisse en sont aussi; mais nous parlerons de tout cela plus en détail dans la suite. Bonjour, cousine. J'embrasse tout ce que vous aimez.

LETTRE IV.

SUR LES FLEURS EN GUEULE.

Du 19 juin 1772.

Votre solution, chère cousine, de la question que je vous avais faite sur les étamines des crucifères est parfaitement juste et me prouve bien que vous m'avez entendu, ou plutôt que vous m'avez écouté; car vous n'avez besoin que d'écouter pour entendre. Vous m'avez bien rendu raison de la gibbosité de deux folioles du calice et de la brièveté relative de deux étamines dans la giroflée, par la courbure de ces deux étamines. Cependant un pas de plus vous eût menée jusqu'à la cause première de cette structure; car si vous recherchez encore pourquoi ces deux étamines sont ainsi recourbées et par conséquent raccourcies, vous trouverez une petite glande implantée sur le réceptacle entre l'étamine et le germe, et c'est cette glande qui, éloignant l'étamine et la forçant à prendre le contour, la raccourcit nécessairement. Il y a encore sur le même réceptacle deux autres glandes, une au pied de chaque paire des grandes étamines; mais, ne leur faisant point faire de contour, elles ne les raccourcissent pas, parce que ces glandes ne sont pas comme les deux premières en dedans, c'est à dire entre la paire d'étamines et le calice. Ainsi ces quatre étamines, soutenues et dirigées verticalement en droite ligne, débordent celles qui sont recourbées et semblent plus longues parce qu'elles sont plus droites. Ces quatre glandes se trouvent, ou du moins leurs vestiges, plus ou moins visiblement dans presque toutes les fleurs crucifères, et dans quelques unes bien plus distinctes que dans la giroflée. Si vous demandez encore pourquoi ces glandes, je vous répondrai qu'elles sont un des instruments destinés par la nature à unir le règne végétal au règne animal, et les faire circuler l'un dans l'autre. Mais, laissant ces recherches un peu anticipées, revenons, quant à présent, à nos familles.

Les fleurs que je vous ai décrites jusqu'à présent sont toutes polypétales. J'aurais dû commencer peut-être par les monopétales régulières, dont la structure est beaucoup plus simple ; cette grande simplicité même est ce qui m'en a empêché. Les monopétales régulières constituent moins une famille qu'une grande nation, dans laquelle on compte plusieurs familles bien distinctes; en sorte que, pour les comprendre toutes sous une indication commune, il faut employer des caractères si généraux et si vagues, que c'est paraître dire quelque chose en ne disant, en effet, presque rien du tout. Il vaut mieux se renfermer dans des bornes plus étroites, mais qu'on puisse assigner avec plus de précision.

Parmi les monopétales irrégulières, il y a une famille dont la physionomie est si marquée, qu'on en distingue aisément les membres à leur air : c'est celle à laquelle on donne le nom de fleurs en gueule, parce que ces fleurs sont fendues en deux lèvres, dont l'ouverture, soit naturelle, soit produite par une légère compression des doigts, leur donne l'air d'une gueule béante. Cette famille se subdivise en deux sections ou lignées : l'une des fleurs en lèvres ou *labiées*, l'autre des fleurs en masques ou *personnées;* car le mot latin *persona* signifie un masque, nom très convenable assurément à la plupart des gens qui portent parmi nous celui de *personnes*. Le caractère commun à toute la famille est non seulement d'avoir la corolle monopétale, et, comme je l'ai dit, fendue en deux lèvres ou baleines, l'une supérieure appelée *casque*, l'autre inférieure appelée *barbe*, mais d'avoir quatre étamines presque sur un même rang distinguées en deux paires, l'une plus longue et l'autre plus courte. L'inspection de l'objet vous expliquera mieux ces caractères que ne peut faire le discours.

Prenons d'abord les *labiées*; je vous en donnerais volontiers pour exemple la sauge, qu'on trouve dans presque tous les jardins; mais la constructton particulière et bizarre de ses étamines, qui l'a fait retrancher par quelques botanistes du nombre des labiées, quoique la nature ait semblé l'y inscrire, me porte à chercher un autre exemple dans les orties mortes, et particulièrement dans l'espèce appelée vulgairement *ortie blanche*, mais que les botanistes appellent *lamier blanc*, parce qu'elle n'a nul rapport à l'ortie par sa fructification, quoiqu'elle en ait beaucoup par son feuillage. L'ortie blanche, si commune partout, durant très longtemps en fleur, ne doit pas vous être difficile à trouver. Sans m'arrêter ici à l'élégante situation des fleurs, je me borne à leur structure. L'ortie blanche porte une fleur monopétale labiée, dont le casque est concave et recourbé en forme de voûte pour recouvrir le reste de la fleur, et particulièrement ses étamines, qui se tiennent toutes quatre assez serrées sous l'abri de son toit. Vous discernerez aisément la paire plus longue et la paire plus courte, et au milieu des quatre le style de la même couleur, mais qui s'en distingue en ce qu'il est simplement fourchu par son extrémité, au lieu d'y porter une anthère comme font les étamines. La barbe, c'est à dire la lèvre inférieure, se replie et pend en bas, et par cette situation laisse voir presque jusqu'au fond le dedans de la corolle. Dans les *lamiers*, cette barbe est refendue en longueur dans son milieu; mais cela n'arrive pas de même aux autres labiées.

Si vous arrachez la corolle, vous arracherez avec elle les étamines qui y tiennent par leurs filets, et non pas au réceptacle, où le style restera seul attaché. En examinant comment les étamines tiennent à d'autres fleurs, on les trouve généralement attachées à la corolle quand elle est monopétale, et au réceptacle ou au calice quand la corolle est polypétale; en sorte qu'on peut, en ce dernier cas, arracher les pétales, sans arracher les étamines. De cette observation l'on tire une règle belle, facile et même assez sûre, pour savoir si une corolle est d'une seule pièce ou de plusieurs, lorqu'il est difficile, comme il l'est quelquefois, de s'en assurer immédiatement.

La corolle arrachée reste percée à son fond, parce qu'elle était attachée au réceptacle, laissant une ouverture circulaire par laquelle le pistil et ce qui l'entoure pénétraient au dedans du tube et de la corolle. Ce qui entoure ce pistil dans le lamier et dans toutes les labiées, ce sont quatre embryons, qui deviennent quatre graines nues, c'est à dire sans aucune enveloppe; en sorte que ces graines, quand elles sont mûres, se détachent et tombent à terre séparément. Voilà le caractère des labiées.

L'autre lignée ou section, qui est celle des *personnées*, se distingue des labiées premièrement par sa corolle, dont les deux lèvres ne sont pas ordinairement ouvertes et béantes, mais fermées et jointes, comme vous le pourrez voir, dans la fleur de jardin appelée *muflaude* ou *mufle-de-veau,* ou bien à son défaut, dans la linaire, cette fleur jaune à éperon, si commune en cette saison dans la campagne. Mais un caractère plus précis et plus sûr est qu'au lieu d'avoir quatre graines nues au fond du calice comme les labiées, les personnées y ont toutes une capsule qui renferme les graines et ne s'ouvre qu'à leur maturité pour les répandre. J'ajoute à ces caractères qu'un nombre de labiées sont ou des plantes odorantes et aromatiques, telles que l'origan, la marjolaine, le thym, le serpolet, le basilic, la menthe, l'hyssope, la lavande, etc., ou des plantes odorantes et puantes, telles que diverses espèces d'orties mortes, staquis, crapaudines, marrubes ; quelques unes seulement, telles que la bugle, la brunelle, la toque, n'ont pas d'odeur ; au lieu que les personnées sont pour la plupart des plantes sans odeur, comme la muflaude, la linaire, l'euphraise, la pédiculaire, la crête-de-coq, l'orobanche, la cymbalaire, la velvote, la digitale ; je ne connais guère d'odorante dans cette branche que la scrophulaire qui sente et qui pue sans être aromatique. Je ne puis guère vous citer ici que des plantes qui vraisemblablement ne vous sont pas connues, mais que peu à peu vous apprendrez à connaître, et dont au moins, à leur rencontre, vous pourrez par vous-même déterminer la famille. Je voudrais même que vous tâchassiez d'en déterminer la lignée ou la section par la physionomie, et que vous vous exerçassiez à juger au simple coup d'œil si la fleur en gueule que vous voyez est une labiée ou une personnée. La figure extérieure de la corolle peut suffire pour vous guider dans ce choix.

que vous pourrez vérifier ensuite en ôtant la corolle et regardant au fond du calice; car, si vous avez bien jugé, la fleur que vous aurez nommée labiée vous montrera quatre graines nues, et celle que vous aurez nommée personnée vous montrera un péricarpe : le contraire vous prouverait que vous vous êtes trompée; par un second examen de la même plante, vous préviendrez une erreur semblable pour une autre fois. Voilà, chère cousine, de l'occupation pour quelques promenades. Je ne tarderai pas à vous en préparer pour celles qui suivront.

LETTRE V.

SUR LES OMBELLIFÈRES.

Du 16 juillet 1773.

Consolez-vous, bonne cousine, de n'avoir pas vu les glandes des crucifères; de grands botanistes très bien oculés ne les ont pas mieux vues : Tournefort lui-même n'en fait aucune mention. Elles sont bien claires dans peu de genres, quoiqu'on en trouve des vestiges presque dans tous, et c'est à force d'analyser des fleurs en croix et d'y voir toujours des inégalités au réceptacle qu'en les examinant en particulier on a trouvé que ces glandes appartenaient au plus grand nombre des genres, et qu'on les suppose par analogie dans ceux même où on ne les distingue pas.

Je comprends qu'on est fâché de prendre tant de peine à apprendre sans les noms des plantes qu'on examine ; mais je vous avoue de bonne foi qu'il n'est pas entré dans mon plan de vous épargner ce petit chagrin. On prétend que la botanique n'est qu'une science de mots, qui n'exerce que la mémoire et n'apprend qu'à nommer des plantes. Pour moi, je ne connais point d'étude raisonnable qui ne soit qu'une science de mots; et auquel des deux, je vous prie, accorderai-je le nom de botaniste, de celui qui sait cracher un nom ou une phrase à l'aspect d'une plante sans rien connaître à sa structure, ou de celui qui, connaissant très bien cette structure, ignore néanmoins le nom très arbitraire qu'on donne à cette plante en tel ou en tel pays? Si nous ne donnons à vos enfants qu'une occupation amusante, nous manquons la meilleure moitié de notre but, qui est, en les amusant, d'exercer leur intelligence et de les accoutumer à l'attention. Avant de leur apprendre à nommer ce qu'ils voient, commençons par leur apprendre à le voir. Cette science, oubliée dans toutes les éducations, doit faire la plus importante partie de la leur. Je ne le redirai jamais assez ; apprenez-leur à ne jamais se payer de mots, et à croire ne rien savoir de ce qui n'est entré que dans leur mémoire.

Au reste, pour ne pas trop faire le méchant, je vous nomme pourtant des plantes sur lesquelles, en vous les faisant montrer, vous pouvez aisément vérifier mes descriptions. Vous n'aviez pas, je le suppose, sous vos yeux une ortie blanche en lisant l'analyse des labiées ; mais vous n'aviez qu'à envoyer chez l'herboriste du coin chercher de l'ortie blanche fraîchement cueillie ; vous appliquez à sa fleur ma description, et, ensuite examinant les autres parties de la plante de la manière dont nous traiterons ci-après, vous connaissez l'ortie blanche infiniment mieux que l'herboriste qui la fournit ne la connaîtra de ses jours ; encore trouverons-nous dans peu le moyen de nous passer d'herboriste. Mais il faut premièrement achever l'examen de nos familles ; ainsi je viens à la cinquième qui, dans ce moment, est en pleine fructification.

Représentez-vous une longue tige assez droite, garnie alternativement de feuilles pour l'ordinaire découpées assez menu, lesquelles embrassent par leur base des branches qui sortent de leurs aisselles. De l'extrémité supérieure de cette tige partent comme d'un centre plusieurs pédicules ou rayons qui, s'écartant circulairement et régulièrement comme les côtes d'un parasol, couronnent cette tige en forme d'un vase plus ou moins ouvert. Quelquefois ces rayons laissent un espace vide dans le milieu, et représentent alors plus exactement le creux du vase; quelquefois aussi ce milieu est fourni d'autres rayons plus courts, qui, montant moins obliquement, garnissent le vase et forment, conjointement avec les premiers, la figure à peu près d'un demi-globe dont la partie convexe est tournée en dessus.

Chacun de ces rayons ou pédicules est terminé à son extrémité, non pas encore par une fleur, mais par un autre ordre de rayons plus petits qui couronnent chacun des premiers, précisément comme ces premiers couronnent la tige.

Ainsi voilà deux ordres pareils et successifs: l'un de grands rayons qui terminent la tige, l'autre de petits rayons semblables qui terminent chacun des grands.

Les rayons des petits parasols ne se subdivisent plus; mais chacun d'eux est le pédicule d'une petite fleur dont nous parlerons tout à l'heure.

Si vous pouvez vous former l'idée de la figure que je viens de vous décrire, vous aurez celle de la disposition des fleurs dans la famille des *ombellifères* ou *porte-parasols;* car le mot latin *umbella* signifie un parasol.

Quoique cette disposition régulière de la fructification soit frappante et assez constante dans toutes les ombellifères, ce n'est pourtant pas elle qui constitue le caractère de la famille; ce caractère se tire de la structure même de la fleur, qu'il faut maintenant vous décrire.

Mais il convient, pour plus de clarté, de vous donner ici une distinction générale sur les dispositions relatives de la fleur et du fruit dans toutes les plantes, distinction qui facilite extrêmement leur arrangement méthodique, quelque système qu'on veuille choisir pour cela.

Il y a des plantes, et c'est le plus grand nombre, par exemple l'œillet, dont l'ovaire est évidemment enfermé dans la corolle. Nous donnerons à celles-là le nom de *fleurs infères*, parce que les pétales, embrassant l'ovaire, prennent leur naissance au dessous de lui.

Dans d'autres plantes en assez grand nombre, l'ovaire se trouve placé non dans les pétales, mais au dessous d'eux, ce que vous pouvez voir dans la rose; car le gratte-cul, qui en est le fruit, est ce corps vert et renflé que vous voyez au dessous du calice, par conséquent aussi au dessous de la corolle qui, de cette manière, couronne cette ovaire et ne l'enveloppe pas. J'appellerai celles-ci *fleurs supères*, parce que la corolle est au dessus du fruit. On pourrait faire des mots plus francisés; mais il me paraît avantageux de vous tenir toujours le plus près qu'il se pourra des termes admis dans la botanique, afin que, sans avoir besoin d'apprendre ni latin ni grec, vous puissiez néanmoins entendre passablement le vocabulaire de cette science, pédantesquement tiré de ces deux langues, comme si pour connaître les plantes il fallait commencer par être un savant grammairien.

Tournefort exprimait la même distinction en d'autres termes : dans le cas de la fleur *infère*, il disait que le pistil devenait fruit ; dans le cas de la fleur *supère*, il disait que le calice devenait fruit. Cette manière de s'exprimer pouvait être aussi claire, mais elle n'était certainement pas aussi juste. Quoi qu'il en soit, voici une occasion d'exercer, quand il en sera temps, vos jeunes élèves à savoir démêler les mêmes idées rendues par des termes tout différents.

Je vous dirai maintenant que les plantes ombellifères ont la fleur *supère*, ou posée sur le fruit. La corolle de cette fleur est à cinq pétales appelés réguliers, quoique souvent les deux pétales qui sont tournés en dehors dans les fleurs qui bordent l'ombelle soient plus grands que les trois autres.

La figure de ces pétales varie selon les genres, mais le plus communément elle est en cœur; l'onglet qui porte sur l'ovaire est fort mince; la lame va en s'élargissant, son bord est *émarginé* (légèrement échancré), ou bien il se termine en une pointe qui, se repliant en dessus, donne encore au pétale l'air d'être émarginé, quoiqu'on le vît pointu s'il était déplié.

Entre chaque pétale est une étamine dont l'anthère, débordant ordinairement la corolle, rend les cinq étamines plus visibles que les cinq pétales. Je ne fais pas ici mention du calice, parce que les ombellifères n'en ont aucun bien distinct.

La figure la plus commune de ce fruit est un ovale un peu allongé qui, dans sa maturité, s'ouvre par la moitié et se partage en deux semences nues attachées au pédicule, lequel, par un art admirable, se divise en deux, ainsi que le fruit, et tient les graines séparément suspendues jusqu'à leur chute.

Toutes ces proportions varient selon les genres, mais en voilà l'ordre le plus commun. Il faut, je l'avoue, avoir l'œil très attentif pour bien distinguer sans loupe de si petits objets;

mais ils sont si dignes d'attention, qu'on n'a pas regret à sa peine.

Voici donc le caractère propre de la famille des ombellifères : corolle supère à cinq pétales, cinq étamines, deux styles portés sur un fruit nu *disperme*, c'est à dire *composé de deux graines* accolées.

Toutes les fois que vous trouverez ces caractères réunis dans une fructification, comptez que la plante est une ombellifère, quand même elle n'aurait d'ailleurs dans son arrangement rien de l'ordre ci-devant marqué. Et quand vous trouveriez tout cet ordre de parasols conforme à ma description, comptez qu'il vous trompe s'il est démenti par l'examen de fleur.

S'il arrivait, par exemple, qu'en sortant de lire ma lettre vous trouvassiez, en vous promenant, un sureau encore en fleurs, je suis presque assuré qu'au premier aspect vous direz : voilà une ombellifère. En y regardant, vous trouveriez grande ombelle, petite ombelle, petites fleurs blanches, corolle supère, cinq étamines : c'est une ombellifère assurément ; mais voyons encore : je prends une fleur.

D'abord au lieu de cinq pétales je trouve une corolle à cinq divisions, il est vrai, mais néanmoins d'une seule pièce. Or les fleurs des ombellifères ne sont pas monopétales. Voilà bien cinq étamines, mais je ne vois point de style, et je vois plus souvent trois stigmates que deux, plus souvent trois graines que deux. Or les ombellifères n'ont jamais ni plus ni moins de deux stigmates, ni plus ni moins de deux graines pour chaque fleur. Enfin le fruit du sureau est une baie molle, et celui des ombellifères est sec et nu. Le sureau n'est donc pas une ombellifère.

Si vous revenez maintenant sur vos pas, en regardant de plus près à la disposition des fleurs, vous verrez que cette disposition n'est qu'en apparence celle des ombellifères. Les grands rayons, au lieu de partir exactement du même centre, prennent leur naissance les uns plus haut, les autres plus bas; les petits naissent encore moins régulièrement : tout cela n'a point l'ordre invariable des ombellifères. L'arrangement des fleurs de sureau est en *corymbe*, ou bouquets, plutôt qu'en ombelle. Voilà comment en nous trompant quelquefois nous finissons par apprendre à mieux voir.

Le *chardon-roland*, au contraire, n'a guère le port d'une ombellifère, et néanmoins c'en est une, puisqu'il en a tous les caractères dans sa fructification. Où trouver, me direz-vous, le chardon-roland? Par toute la campagne; tous les grands chemins en sont tapissés à droite et à gauche; le premier paysan peut vous le montrer, et vous le reconnaîtriez presque vous-même à la couleur bleuâtre ou vert de mer de ses feuilles, à leurs durs piquants et à leur consistance lisse et coriace comme du parchemin. Mais on peut laisser une plante aussi intraitable; elle n'a pas assez de beauté pour dédommager des blessures qu'on se fait en l'examinant; et, fût-elle cent fois plus jolie, ma petite cousine, avec ses petits doigts sensibles, serait bientôt rebutée de caresser une plante de si mauvaise humeur.

La famille des ombellifères est nombreuse et si naturelle, que ses genres sont très difficiles à distinguer : ce sont des frères que la grande ressemblance fait souvent prendre l'un pour l'autre. Pour aider à s'y reconnaître, on a imaginé des distinctions principales, qui sont quelquefois utiles, mais sur lesquelles il ne faut pas non plus trop compter. Le foyer d'où partent les rayons, tant de la grande que de la petite ombelle, n'est pas toujours nu; il est quelquefois entouré de folioles, comme d'une manchette. On donne à ces folioles le nom d'*involucre* (enveloppe). Quand la grande ombelle a une manchette, on donne à cette manchette le nom de *grand involucre* : on appelle *petits involucres* ceux qui entourent quelquefois les petites ombelles. Cela donne lieu à trois sections des ombellifères :

1°. Celles qui ont un grand involucre et de petits involucres ;

2°. Celles qui n'ont que les petits involucres seulement ;

3°. Celles qui n'ont ni un grand ni de petits involucres.

Il semblerait manquer une quatrième division de celles qui ont un grand involucre et point de petits ; mais on ne connaît aucun genre qui soit constamment dans ce cas.

Vos étonnants progrès, chère cousine, et votre patience m'ont tellement enhardi que, comptant pour rien votre peine, j'ai osé vous décrire la famille des ombellifères sans fixer vos yeux sur aucun modèle, ce qui a rendu nécessairement votre attention beaucoup plus fatigante. Cependant j'ose douter, lisant comme vous savez faire, qu'après une ou deux lectures de ma lettre une ombellifère en fleur échappe à votre esprit en frappant vos yeux ; et dans cette saison vous ne pouvez manquer d'en trouver plusieurs dans les jardins et dans la campagne.

Elles ont la plupart les fleurs blanches ; tels sont la carotte, le cerfeuil, le persil, la ciguë, l'angélique, la berce, la berle, la boucage, le chervis ou girole, la perce-pierre, etc.

Quelques unes, comme le fenouil, l'anet, le panais, sont à fleurs jaunes ; il y en a peu à fleurs rougeâtres, et point d'une autre couleur.

Voilà, me direz-vous, une belle notion générale des ombellifères ; mais comment tout ce vague savoir me garantira-t-il de confondre la ciguë avec le cerfeuil et le persil, que vous venez de nommer avec elle ? La moindre cuisinière en saura plus que nous avec toute notre doctrine. Vous avez raison. Mais cependant si nous commençons par les observations de détail, bientôt accablés par le nombre, la mémoire nous abandonnera, et nous nous perdrons dès les premiers pas dans ce règne immense ; au lieu que, si nous commençons par bien reconnaître les grandes routes, nous nous retrouverons partout sans beaucoup de peine. Donnons cependant quelque exception à l'utilité de l'objet, et ne nous exposons pas, tout en analysant le règne végétal, à manger par ignorance une omelette à la ciguë.

La petite ciguë des jardins est une ombellifère, ainsi que le persil et le cerfeuil ; elle a la fleur blanche comme l'un et l'autre (1) ; elle est,

(1) La fleur du persil est un peu jaunâtre. Mais plusieurs fleurs d'ombellifères paraissent jaunes à cause de l'ovaire et des anthères, et ne laissent pas d'avoir les pétales blancs.

avec le dernier, dans la section qui a la petite enveloppe et qui n'a pas la grande ; elle leur ressemble assez par son feuillage pour qu'il ne soit pas aisé de vous en marquer par écrit les différences. Mais voici des caractères suffisants pour ne vous y pas tromper.

Il faut commencer par voir en fleur ces diverses plantes ; car c'est en cet état que la ciguë a son caractère propre. C'est d'avoir sous chaque petite ombelle un petit involucre composé de trois petites folioles pointues, assez longues, et toutes trois tournées en dehors ; au lieu que les folioles des petites ombelles du cerfeuil l'enveloppent tout autour, et sont tournées également de tous les côtés. A l'égard du persil, à peine a-t-il quelques courtes folioles, fines comme des cheveux, et distribuées indifféremment, tant dans la grande ombelle que dans les petites, qui toutes sont claires et maigres.

Quand vous vous serez bien assurée de la ciguë en fleur, vous vous confirmerez dans votre jugement en froissant légèrement et flairant son feuillage ; car son odeur puante et vireuse ne vous la laissera pas confondre avec le persil ni avec le cerfeuil, qui tous deux ont des odeurs agréables. Bien sûre enfin de ne pas faire de quiproquo, vous examinerez ensemble et séparément ces trois plantes dans tous leurs états, par toutes leurs parties, surtout par le feuillage qui les accompagne plus constamment que la fleur; et par cet examen, comparé et répété jusqu'à ce que vous ayez acquis la certitude d'un coup d'œil, vous parviendrez à distinguer et connaître imperturbablement la ciguë. L'étude nous mène ainsi jusqu'à la porte de la pratique; après quoi celle-ci fait la félicité du savoir.

Prenez haleine, chère cousine, car voilà une lettre excédante; je n'ose même vous promettre plus de discrétion dans celle qui doit la suivre; mais après cela nous n'aurons devant nous qu'un chemin bordé de fleurs. Vous en méritez une couronne pour la douceur et la constance avec lesquelles vous daignez me suivre à travers ces broussailles, sans vous rebuter de leurs épines.

LETTRE VI.

SUR LES FLEURS COMPOSÉES.

Du 2 mai 1773.

Quoiqu'il vous reste, chère cousine, bien des choses à désirer dans les notions de nos cinq premières familles, et que je n'aie pas toujours su mettre mes descriptions à la portée de notre petite *botanophile* (amatrice de la botanique), je crois néanmoins vous en avoir donné une idée suffisante pour pouvoir, après quelques mois d'herborisation, vous familiariser avec l'idée générale du port de chaque famille; en sorte qu'à l'aspect d'une plante vous puissiez conjecturer à peu près si elle appartient à quelqu'une des cinq familles et à laquelle, sauf à vérifier ensuite, par l'analyse de la fructification, si vous vous êtes trompée ou non dans votre conjecture. Les ombellifères, par exemple, vous ont jetée dans quelques embarras, mais dont vous pouvez sortir quand il vous plaira au moyen des indications que j'ai jointes aux descriptions; car enfin les carottes, les panais sont choses si communes, que rien n'est plus aisé, dans le milieu de l'été, que de se faire montrer l'une ou l'autre en fleur dans un potager. Or, au simple aspect de l'ombelle et de la plante qui la porte, on doit prendre une idée si nette des ombellifères qu'à la rencontre d'une plante de cette famille on s'y trompera rarement au premier coup d'œil. Voilà tout ce que j'ai prétendu jusqu'ici; car il ne sera pas question si tôt des genres et des espèces, et encore une fois ce n'est pas une nomenclature de perroquet qu'il s'agit d'acquérir, mais une science réelle, et l'une des sciences les plus aimables qu'il soit possible de cultiver. Je passe donc à notre sixième famille avant de prendre une route plus méthodique ; elle pourra vous embarrasser d'abord autant et plus que les ombellifères ; mais mon but n'est, quant à présent, que de vous en donner une notion générale, d'autant plus que nous avons bien du temps encore avant celui de la première floraison, et que ce temps bien employé pourra vous aplanir des difficultés contre lesquelles il ne faut pas lutter encore.

Prenez une de ces petites fleurs qui, dans cette saison, tapissent les pâturages, et qu'on appelle ici *paquerettes*, *petites marguerites*, ou *marguerites* tout court. Regardez-la bien; car à son aspect je suis sûre de vous surprendre en vous disant que cette fleur si petite et si mignonne est réellement composée de deux ou trois cents autres fleurs toutes parfaites, c'est à dire ayant chacune sa corolle, son germe, son pistil, ses étamines, sa graine; en un mot, aussi parfaite en son espèce qu'une fleur de jacinthe ou de lis. Chacune de ces folioles, blanches en dessus, roses en dessous, qui forment comme une couronne autour de la marguerite, et qui ne vous paraissent tout au plus qu'autant de petits pétales, est une véritable fleur; et chacun de ces petits brins jaunes que vous voyez dans le centre, et que d'abord vous n'avez peut-être pris que pour des étamines, est aussi une véritable fleur. Si vous aviez déjà les doigts exercés aux dissections botaniques, que vous vous armassiez d'une bonne loupe et de beaucoup de patience, je pourrais vous convaincre de cette vérité par vos propres yeux; mais pour le présent il faut commencer, s'il vous plaît, par m'en croire sur ma parole, de peur de fatiguer votre attention sur des atomées. Cependant, pour vous mettre au moins sur la voie, arrachez une des folioles blanches de la couronne; vous croirez d'abord cette foliole plate d'un bout à l'autre; mais regardez-la bien par le bout qui était attaché à la fleur, vous verrez que ce bout n'est pas plat, mais rond et creux en forme de tube, et que de ce tube sort un petit filet à deux cornes; ce filet est le style fourchu de cette fleur, qui, comme vous voyez, n'est plate que par le haut.

Regardez maintenant les brins jaunes qui sont au milieu de la fleur, et que je vous ai dit être autant de fleurs eux-mêmes; si la fleur est assez avancée, vous en verrez plusieurs tout autour, lesquels sont ouverts dans le milieu et même découpés en plusieurs parties. Ce sont des corolles monopétales qui s'épanouissent, et dans lesquelles la loupe vous ferait aisément distinguer le pistil et même les anthères dont il est entouré. Ordinairement les fleurons jaunes qu'on voit au centre sont encore arrondis et non percés. Ce sont des fleurs comme les autres, mais qui ne sont pas encore épanouies; car elles ne s'épanouissent que successivement en avançant des bords vers le centre. En voilà assez pour vous montrer à l'œil la possibilité que tous ces brins, tant blancs que jaunes, soient réellement autant de fleurs parfaites, et c'est un fait très constant. Vous voyez néanmoins que toutes ces petites fleurs sont pressées et renfermées dans un calice qui leur est commun, et qui est celui de la marguerite. En considérant toute la marguerite comme une seule fleur, ce sera donc lui donner un nom très convenable que de l'appeler *une fleur composée* Or il y a un grand nombre d'espèces et de genres de fleurs formées comme la marguerite d'un assemblage d'autres fleurs plus petites contenues dans un calice commun. Voilà ce qui constitue la sixième famille dont j'avais à vous parler, savoir celle des *fleurs composées*.

Commençons par ôter ici l'équivoque du mot fleur, en restreignant ce nom dans la présente famille à la fleur composée, et donnant celui de *fleurons* aux petites fleurs qui la composent; mais n'oublions pas que, dans la précision du mot, ces fleurons eux-mêmes sont autant de véritables fleurs.

Vous avez vu dans la marguerite deux sortes de fleurons, savoir ceux de couleur jaune qui remplissent le milieu de la fleur, et les petites languettes blanches qui les entourent. Les premiers sont dans leur petitesse assez semblables de figure aux fleurs du muguet ou de la jacinthe, et les seconds ont quelque rapport aux fleurs de chèvrefeuille. Nous laisserons aux premiers le nom de *fleurons*, et pour distinguer les autres nous les appellerons *demi-fleurons*; car en effet ils ont assez l'air de fleurs monopétales qu'on aurait rognées par un côté, en n'y laissant qu'une languette qui ferait à peine la moitié de la corolle.

Ces deux sortes de fleurons se combinent dans les fleurs composées de manière à diviser toute la famille en trois sections distinctes.

La première section est formée de celles qui ne sont composées que de languettes ou demi-fleurons, tant au milieu qu'à la circonférence; on les appelle *fleurs demi-fleuronnées*, et la fleur entière dans cette section est toujours d'une seule couleur, le plus souvent jaune. Telle est la fleur appelée dent-de-lion ou pissenlit; telles sont les fleurs de laitue, de chicorée (celle-ci est bleue), de scorsonère, de salsifis, etc.

La seconde section comprend les *fleurs fleuronnées*, c'est à dire qui ne sont composées que de fleurons, tous pour l'ordinaire aussi d'une seule couleur ; telles sont les fleurs d'immortelle, de bardane, d'absinthe, d'armoise, de chardon, d'artichaut, qui est un chardon lui-même dont on mange le calice et le réceptacle encore en bouton, avant que la fleur soit éclose et même formée. Cette bourre qu'on ôte du milieu de l'artichaut n'est autre chose que l'assemblage des fleurons qui commencent à se former, et qui sont séparés les uns des autres par de longs poils implantés sur le réceptacle.

La troisième section est celle des fleurs qui rassemblent les deux sortes de fleurons. Cela se fait toujours de manière que les fleurons entiers occupent le centre de la fleur, et les demifleurons forment le contour ou la circonférence, comme vous avez vu dans la paquerette. Les fleurs de cette section s'appellent *radiées*, les botanistes ayant donné le nom de *rayon* au contour d'une fleur composée quand il est formé de languettes ou demi-fleurons. A l'égard de l'aire ou du centre de la fleur occupé par les fleurons, on l'appelle *disque*, et on donne aussi quelquefois ce même nom de disque à la surface du réceptacle où sont plantés tous les fleurons et demi-fleurons. Dans les fleurs radiées, le disque est souvent d'une couleur et le rayon d'une autre; cependant il y a aussi des genres et des espèces où tous les deux sont de la même couleur.

Tâchons à présent de bien déterminer dans votre esprit l'idée d'une *fleur composée*. Le trèfle ordinaire fleurit en cette saison; sa fleur est pourpre : s'il vous en tombait une sous la main, vous pourriez, en voyant tant de petites fleurs rassemblées, être tentée de prendre le tout pour une fleur composée. Vous vous tromperiez; en quoi? en ce que, pour constituer une fleur composée, il ne suffit pas d'une agrégation de plusieurs petites fleurs, mais qu'il faut de plus qu'une ou deux des parties de la fructification leur soient communes, de manière que toutes aient part à la même, et qu'aucune n'ait la sienne séparément. Ces deux parties communes sont le calice et le réceptacle. Il est vrai que la fleur de trèfle, ou plutôt le groupe de fleurs qui n'en semblent qu'une, paraît d'abord porté sur une espèce de calice; mais écartez un peu ce prétendu calice, et vous verrez qu'il ne tient point à la fleur, mais qu'il est attaché au dessous d'elle au pédicule qui la porte. Ainsi ce calice apparent n'en est point un; il appartient au feuillage et non pas à la fleur, et cette prétendue fleur n'est, en effet, qu'un assemblage de fleurs légumineuses fort petites, dont chacune a son calice particulier, et qui n'ont absolument rien de commun entre elles que leur attache au même pédicule. L'usage est pourtant de prendre tout cela pour une seule fleur; mais c'est une fausse idée : ou si l'on veut absolument regarder comme une fleur un bouquet de cette espèce, il ne faut pas du moins l'appeler une *fleur composée*, mais une *fleur agrégée* ou une tête (*flos aggregatus, flos capitatus, capitulum*). Et ces dénominations sont, en effet, quelquefois employées en ce sens par les botanistes.

Voilà, chère cousine, la notion la plus simple et la plus naturelle que je puisse vous donner de la famille, ou plutôt de la nombreuse classe des composées, ou des trois sections ou familles dans lesquelles elles se subdivisent. Il faut maintenant vous parler de la structure des fructifications particulières à cette classe, et cela nous menera peut-être à en déterminer le caractère avec plus de précision.

La partie la plus essentielle d'une fleur composée est le réceptacle sur lequel sont plantés d'abord les fleurons et demi-fleurons, et ensuite les graines qui leur succèdent. Ce réceptacle, qui forme un disque d'une certaine étendue, fait le centre du calice, comme vous pouvez voir dans le pissenlit, que nous prendrons ici pour exemple. Le calice, dans toute cette famille, est ordinairement découpé jusqu'à la base en plusieurs pièces, afin qu'il puisse se fermer, se rouvrir et se renverser, comme il arrive dans le progrès de la fructification, sans y causer de déchirure. Le calice du pissenlit est formé de deux rangs de folioles insérés l'un dans l'autre, et les folioles du rang extérieur qui soutient l'autre se recourbent et se replient en bas vers le pédicule, tandis que les folioles du rang intérieur restent droites pour entourer et contenir les demi-fleurons qui composent la fleur.

Une forme encore des plus communes aux calices de cette classe est d'être *imbriqués*, c'est à dire formés de plusieurs rangs de folioles en recouvrement, les unes sur les joints des autres, comme les tuiles d'un toit. L'artichaut, le bluet, la jacée, la scorsonère vous offrent des exemples de calices imbriqués.

Les fleurons et demi-fleurons enfermés dans le calice sont plantés fort dru sur son disque ou réceptacle en quinconce, ou comme les cases d'un damier ; quelquefois ils s'entre-touchent à nu sans rien d'intermédiaire, quelquefois ils sont séparés des cloisons par des poils ou de petites écailles qui restent attachés au réceptacle quand les graines sont tombées. Vous voilà sur la voie d'observer les différences de calices et de réceptacles; parlons à présent de la structure des fleurons et demi-fleurons, en commençant par les premiers.

Un fleuron est une fleur monopétale, régulière pour l'ordinaire, dont la corolle se fend dans le haut en quatre ou cinq parties. Dans cette corolle sont attachés à son tube les filets des étamines au nombre de cinq : ces cinq filets se réunissent par le haut en un petit tube rond qui entoure le pistil, et ce tube n'est autre chose que les cinq anthères ou étamines réunies circulairement en un seul corps. Cette réunion des étamines forme aux yeux des botanistes le caractère essentiel des fleurs composées, et n'appartient qu'à leurs fleurons exclusivement à toutes sortes de fleurs. Ainsi vous aurez beau trouver plusieurs fleurs portées sur un même disque, comme dans les scabieuses et le chardon à foulon, si les anthères ne se réunissent pas en un tube autour du pistil et si la corolle ne porte pas une seule graine nue, ces fleurs ne sont pas des fleurons et ne forment pas une fleur composée. Au contraire, quand vous trouveriez dans une fleur unique les anthères ainsi réunies en un seul corps et la corolle superposée sur une seule graine, cette fleur, quoique seule, serait un vrai fleuron, et appartiendrait à la famille des composées, dont il vaut mieux tirer ainsi le caractère d'une structure précise que d'une apparence trompeuse.

Le pistil porte un style plus long d'ordinaire que le fleuron, au dessus duquel on le voit s'élever à travers le tube formé par les anthères ; il se termine le plus souvent dans le haut par un stigmate fourchu dont on voit aisément les deux petites cornes. Par son pied, le pistil ne porte pas immédiatement sur le réceptacle non plus que le fleuron, mais l'un et l'autre y tiennent par le germe qui leur sert de base, lequel croît et s'allonge à mesure que le fleuron se dessèche, et devient enfin une graine longuette qui reste attachée au réceptacle, jusqu'à ce qu'elle soit mûre : alors elle tombe si elle est nue, ou bien le vent l'emporte au loin si elle est couronnée d'une aigrette de plumes, et le réceptacle reste à découvert tout nu dans des genres, ou garni d'écailles ou de poils dans d'autres.

La structure des demi-fleurons est semblable à celle des fleurons ; les étamines, le pistil et la graine y sont arrangés à peu près de même : seulement dans les radiées, il y a plusieurs genres où les demi-fleurons du contour sont sujets à avorter, soit parce qu'ils manquent d'étamines, soit parce que celles qu'ils ont sont stériles et n'ont pas la force de féconder le germe ; alors la fleur ne grène que par les fleurons du milieu.

Dans toute la classe des composées, la graine est toujours *sessile*, c'est à dire qu'elle porte immédiatement sur le réceptacle, sans aucun pédicule intermédiaire. Mais il y a des graines dont le sommet est couronné par une aigrette quelquefois sessile, et quelquefois attachée à la graine par un pédicule. Vous comprenez que l'usage de cette aigrette est d'éparpiller au loin les semences, en donnant plus de prise à l'air pour les emporter et semer à distance.

A ces descriptions informes et tronquées je dois ajouter que les calices ont pour l'ordinaire la propriété de s'ouvrir quand la fleur s'épanouit, de se refermer quand les fleurons se sèment et tombent, afin de contenir la jeune graine, et l'empêcher de se répandre avant sa maturité, afin de se rouvrir et de se renverser tout à fait pour offrir dans leur centre une aire plus large aux graines qui grossissent en mûrissant. Vous avez dû souvent voir le pissenlit dans cet état, quand les enfants les cueillent pour souffler dans ses aigrettes, qui forment un globe autour du calice renversé.

Pour bien connaître cette classe, il faut en

suivre les fleurs dès avant leur épanouissement jusqu'à la pleine maturité du fruit, et c'est dans cette succession qu'on voit des métamorphoses et un enchaînement de merveilles qui tiennent tout esprit sain qui les observe dans une continuelle admiration. Une fleur commode pour ces observations est celle des soleils, qu'on rencontre fréquemment dans les vignes et dans les jardins. Le soleil, comme vous voyez, est une radiée. La reine-marguerite, qui dans l'automne fait l'ornement des parterres, en est une aussi. Les chardons (1) sont des fleuronnées : j'ai déjà dit que la scorsonère et le pissenlit sont des demi-fleuronnées. Toutes ces fleurs sont assez grosses pour pouvoir être disséquées et étudiées à l'œil nu sans le fatiguer beaucoup.

Je ne vous en dirai pas davantage aujourd'hui sur la famille ou classe des composées. Je tremble déjà d'avoir trop abusé de votre patience par des détails que j'aurais rendus plus clairs si j'avais su les rendre plus courts; mais il m'est impossible de sauver la difficulté qui naît de la petitesse des objets. Bonjour, chère cousine.

(1) Il faut prendre garde de n'y pas mêler le chardon à foulon ou des bonnetiers, qui n'est pas un vrai chardon.

LETTRE VII.

SUR LES ARBRES FRUITIERS.

Voici, chère cousine, les noms des plantes que vous m'avez envoyées en dernier lieu. J'ai ajouté un point d'interrogation à ceux dont je suis en doute, parce que vous n'avez pas eu soin d'y mettre des feuilles avec la fleur, et que le feuillage est souvent nécessaire pour déterminer l'espèce à un aussi mince botaniste que moi. En arrivant à Fourrière, vous trouverez la plupart des arbres fruitiers en fleur, et je me souviens que vous aviez désiré quelques directions sur cet article. Je ne puis en ce moment vous tracer là dessus que quelques mots très à la hâte, étant fort pressé, et afin que vous ne perdiez pas encore une saison pour cet examen.

Il ne faut pas, chère amie, donner à la botanique une importance qu'elle n'a pas; c'est une étude de pure curiosité, et qui n'a d'autre utilité réelle que celle que peut tirer un être pensant et sensible de l'observation de la nature et des merveilles de l'univers. L'homme a dénaturé beaucoup de choses pour les mieux convertir à son usage; en cela il n'est point à blâmer; mais il n'en est pas moins vrai qu'il les a souvent défigurées, et que quand dans les œuvres de ses mains il croit étudier vraiment la nature il se trompe. Cette erreur a lieu surtout dans la société civile, elle a lieu de même dans les jardins. Ces fleurs doubles qu'on admire dans les parterres sont des espèces monstres dépourvues de la faculté de reproduire leur semblable, dont la nature a doué tous les organisés. Les arbres fruitiers sont à peu près dans le même cas par le greffe; vous aurez beau planter des pepins de poires et de pommes des meilleures espèces, il n'en naîtra jamais que des sauvageons. Ainsi, pour connaître la poire et la pomme de la nature, il faut les chercher non dans les potagers, mais dans les forêts. La chair n'en est pas si grosse et si succulente, mais les semences en mûrissent mieux, en multipliant davantage, et les arbres en sont infiniment plus grands et plus vigoureux. Mais j'entame ici un article qui me menerait trop loin: revenons à nos potagers.

Nos arbres fruitiers, quoique greffés, gardent dans leur fructification tous les caractères botaniques qui les distinguent, et c'est par l'étude attentive de ces caractères, aussi bien que par les transformations de la greffe, qu'on s'assure qu'il n'y a, par exemple, qu'une seule espèce de poire sous mille noms divers, par lesquels la forme et la saveur de leurs fruits les ont fait distinguer en autant de prétendues espèces, qui ne sont au fond que des variétés. Bien plus, la poire et la pomme ne sont que deux espèces du même genre et leur unique différence bien caractéristique est que le pédicule de la pomme entre dans un enfoncement du fruit, et celui de la poire tient à un prolongement du fruit un peu allongé. De même toutes les sortes de cerises, guignes, griotes, bigarreaux ne sont que des variétés d'une même espèce; toutes les prunes ne sont qu'une espèce de prunes; le genre de la prune contient trois espèces principales; savoir : la prune proprement dite, la cerise et l'abricot, qui n'est aussi qu'une espèce de prune. Ainsi, quand le savant Linné, divisant le genre dans les espèces, a dénommé la *prune* prune, la prune-cerise et la prune-abricot, les ignorants se sont moqués de lui; mais les observateurs ont admiré la justesse de ses réductions, etc. Il faut courir, je me hâte.

Les arbres fruitiers entrent presque tous dans une famille nombreuse, dont le caractère est facile à saisir, en ce que les étamines, en grand nombre, au lieu d'être attachées au réceptacle, sont attachées au calice par les intervalles que laissent les pétales entre eux; toutes les fleurs sont polypétales et à cinq communément.

Voici les principaux caractères génériques.

Le genre de la poire, qui comprend aussi la pomme et le coin. Calice monophylle à cinq pointes. Corolle à cinq pétales attachés au calice, une vingtaine d'étamines toutes attachées au calice. Germe ou ovaire infère, c'est à dire au dessous de la corolle, cinq styles. Fruits charnus à cinq logettes, contenant des graines, etc.

Le genre de la prune, qui comprend l'abricot, la cerise et le laurier-cerise. Calice, corolle et anthères à peu près comme la poire; mais le germe est supère, c'est à dire dans la corolle, et il n'y a qu'un style. Fruit plus aqueux que charnu, contenant un noyau, etc.

Le genre de l'amande, qui comprend aussi la pêche. Presque comme la prune, si ce n'est que le germe est velu, et que le fruit, mou dans la pêche, sec dans l'amande, contient un noyau dur, raboteux, parsemé de cavités, etc.

Tout ceci n'est que bien grossièrement ébauché; mais c'en est assez pour vous amuser cette année. Bonjour, chère cousine.

LETTRE VIII.

SUR LES HERBIERS.

Du 11 avril 1773.

Grâce au ciel, chère cousine, vous voilà rétablie. Mais ce n'est pas sans que votre silence ne m'ait causé bien des alarmes. Dans des inquiétudes de cette espèce, rien n'est plus cruel que le silence, parce qu'il fait tout porter au pis. Mais tout cela est déjà oublié, et je ne sens plus que le plaisir de votre rétablissement. Le retour de la belle saison et le plaisir de remplir avec succès la plus douce ainsi que la plus respectable des fonctions acheveront bientôt de l'affermir, et vous en sentirez moins tristement l'absence passagère de votre mari au milieu des chers gages de son attachement et des soins continuels qu'ils vous demandent.

La terre commence à verdir, les arbres à bourgeonner, les fleurs à s'épanouir ; il y en a déjà de passées, un moment de retard pour la botanique nous reculerait d'une année entière : ainsi j'y passe sans autre préambule.

Je crains que nous ne l'ayons traitée jusqu'ici d'une manière trop abstraite, en n'appliquant point nos idées sur des objets déterminés : c'est le défaut dans lequel je suis tombé, principalement à l'égard des ombellifères. Si j'avais commencé par vous en mettre une sous les yeux, je vous aurais épargné une application très fatigante sur un objet imaginaire, et à moi des descriptions difficiles, auxquelles un simple coup d'œil aurait suppléé. Malheureusement, à la distance où la loi de la nécessité me tient de vous, je ne suis pas à portée de vous montrer du doigt les objets; mais si chacun de notre côté nous en pouvons avoir sous les yeux de semblables, nous nous entendrons très bien l'un l'autre en parlant de ce que nous voyons. Toute la difficulté est qu'il faut que l'indication vienne de vous; car vous envoyer d'ici des plantes sèches serait ne rien faire. Pour bien reconnaître une plante il faut commencer par la voir sur pied. Les herbiers servent de mémoratifs pour celles qu'on a déjà connues; mais ils font mal connaître celles qu'on n'a pas vues auparavant. C'est donc à vous de m'envoyer les plantes que vous voudrez connaître et que vous aurez cueillies sur pied; et c'est à moi de vous les nommer, de les classer, de les décrire, jusqu'à ce que, par des idées comparatives devenues familières à vos yeux et à votre esprit, vous parveniez à classer, ranger et nommer vous-même celles que vous verrez pour la première fois ; science qui seule distingue le vrai botaniste de l'herboriste ou nomenclateur. Il s'agit donc ici d'apprendre à préparer, dessécher et conserver les plantes ou échantillons de plantes, de manière à les rendre faciles à connaître et à déterminer. C'est, en un mot, un herbier que je vous propose de commencer. Voici une grande occupation qui de loin se prépare pour notre petite amatrice; car, quant à présent, et pour quelque temps encore, il faudra que l'adresse de vos doigts supplée à la faiblesse des siens.

Il y a d'abord une provision à faire; savoir, cinq ou six mains de papier gris, et à peu près autant de papier blanc, de même grandeur, assez fort et bien collé, sans quoi les plantes se pourriraient dans le papier gris, ou du moins les fleurs y perdraient leur couleur, ce qui est une des parties qui les rendent reconnaissables, et par lesquelles un herbier est agréable à voir. Il serait encore à désirer que vous eussiez une presse de la grandeur de votre papier, ou du moins deux bouts de planches bien unies, de manière qu'en plaçant vos feuilles entre deux vous les y puissiez tenir pressées par des pierres ou autres corps pesants dont vous chargerez la planche supérieure. Ces préparatifs faits, voici ce qu'il faut observer pour préparer vos plantes de manière à les conserver et les reconnaître.

Le moment à choisir pour cela est celui où la plante est en pleine fleur, et où même quelques fleurs commencent à tomber pour faire place au fruit qui commence à paraître. C'est dans ce point où toutes les parties de la fructification sont sensibles qu'il faut tâcher de prendre la plante pour la dessécher dans cet état.

Les petites plantes se prennent tout entières avec leurs racines, qu'on a soin de bien nettoyer avec une brosse, afin qu'il n'y reste point de terre. Si la terre est mouillée, on la laisse sécher pour la brosser, ou bien on lave la racine; mais il faut avoir alors la plus grande attention de la bien essuyer et dessécher avant de la mettre entre les papiers, sans quoi elle s'y pourrirait infailliblement et communiquerait sa pourriture aux autres plantes voisines. Il ne faut cependant s'obstiner à conserver les racines qu'autant qu'elles ont quelques singularités remarquables; car, dans le plus grand nombre, les racines ramifiées et fibreuses ont des formes si semblables que ce n'est pas la peine de les conserver. La nature, qui a tant fait pour l'élégance et l'ornement dans la figure et la couleur des plantes, en ce qui frappe les yeux, a destiné les racines uniquement aux fonctions utiles, puisqu'étant cachées dans la terre leur donner une structure agréable eût été cacher la lumière sous le boisseau.

Les arbres et toutes les grandes plantes ne se prennent que par échantillon; mais il faut que cet échantillon soit si bien choisi qu'il contienne toutes les parties constitutives du genre et de l'espèce, afin qu'il puisse suffire pour reconnaître et déterminer la plante qui l'a fourni. Il ne suffit pas que toutes les parties de la fructification y soient sensibles, ce qui ne servirait qu'à distinguer le genre, il faut qu'on y voie bien le caractère de la foliation et de la ramification, c'est à dire la naissance et la forme des feuilles et des branches, et même autant qu'il se peut quelque portion de la tige; car, comme vous verrez dans la suite, tout cela sert à distinguer les espèces différentes des mêmes genres, qui sont parfaitement semblables par la fleur et le fruit. Si les branches sont trop épaisses, on les amincit avec un couteau ou canif, en diminuant adroitement par dessous de leur épaisseur, autant que cela se peut, sans couper et mutiler les feuilles. Il y a des botanistes qui ont la patience de fendre l'écorce de la branche et d'en tirer adroitement le bois; de façon que l'écorce rejointe paraît vous montrer encore la branche entière, quoique le bois n'y soit plus. Au moyen de quoi l'on n'a point entre les papiers des épaisseurs et bosses trop considérables, qui gâtent, défigurent l'herbier et font prendre une mauvaise forme aux plantes. Dans les plantes où les fleurs et les feuilles ne viennent pas en même temps, ou naissent trop loin les unes des autres, on prend une petite branche à fleurs et une petite branche à feuilles; et, les plaçant ensemble dans le même papier, on offre ainsi à l'œil les diverses parties de la même plante, suffisantes pour la faire reconnaître. Quant aux plantes où l'on ne trouve que des feuilles, et dont la fleur n'est pas encore venue, ou est déjà passée, il les faut laisser, et attendre pour les reconnaître qu'elles montrent leur visage. Une plante n'est pas plus sûrement reconnaissable à son feuillage qu'un homme à son habit.

Tel est le choix qu'il faut mettre dans ce qu'on cueille : il en faut mettre aussi dans le moment qu'on prend pour cela. Les plantes cueillies le matin à la rosée, ou le soir à l'humidité, ou le jour durant la pluie, ne se conservent point. Il faut absolument choisir un temps sec, et même dans ce temps-là le moment le plus sec et le plus chaud de la journée, qui est en été entre onze heures du matin et cinq ou six heures du soir : encore alors, si l'on y trouve la moindre humidité faut-il les laisser; car infailliblement elles ne se conserveront pas.

Quand vous avez cueilli vos échantillons, vous les apportez au logis toujours bien au sec, pour les placer et arranger dans vos papiers. Pour cela, vous faites votre premier lit de deux feuilles au moins de papier gris, sur lesquelles vous placez une feuille de papier blanc, et sur cette feuille vous arrangerez votre plante, prenant grand soin que toutes ses parties, surtout les feuilles et les fleurs, soient bien ouvertes et bien étendues dans leur situation naturelle. La plante un peu flétrie, mais sans l'être trop, se prête mieux pour l'ordinaire à l'arrangement qu'on lui donne sur le papier avec le pouce et les doigts. Mais il y en a de rebelles qui se grippent d'un côté pendant qu'on les arrange de l'autre. Pour prévenir cet inconvénient, j'ai des plombs, des gros sous, des liards avec lesquels j'assujettis les parties que je viens d'arranger, tandis que j'arrange les autres, de façon que, quand j'ai fini, ma plante se trouve presque toute couverte de ces pièces, qui la tiennent en état. Après cela on pose une seconde feuille blanche sur la première, et on la presse avec la main, afin de tenir la plante assujettie dans la situation qu'on lui a donnée, avançant ainsi la main gauche qui presse à mesure qu'on retire avec la droite les plombs et les gros sous qui sont entre les papiers ; on met ensuite deux autres feuilles de papier gris sur la seconde feuille blanche, sans cesser un seul moment de tenir la plante assujettie, de peur qu'elle ne perde la situation qu'on lui a donnée ; sur ce papier gris on met une autre feuille blanche ; sur cette feuille une plante qu'on arrange et recouvre comme ci-devant, jusqu'à ce qu'on ait placé toute la moisson qu'on a apportée, et qui ne doit pas être nombreuse pour chaque fois, tant pour éviter la longueur du travail que de peur que, durant la dessiccation des plantes, le papier ne contracte quelque humidité par leur grand nombre ; ce qui gâterait infailliblement vos plantes si vous ne vous hâtiez de les changer de papier avec les mêmes attentions ; et c'est même ce qu'il faut faire de temps en temps, jusqu'à ce qu'elles aient bien pris leur pli, et qu'elles soient toutes assez sèches.

Votre pile de plantes et de papiers ainsi arrangée doit être mise en presse, sans quoi les plantes se gripperaient ; il y en a qui veulent être plus pressées, d'autres moins ; l'expérience vous apprendra cela, ainsi qu'à les changer de papier à propos, et aussi souvent qu'il faut, sans vous donner un travail inutile. Enfin, quand vos plantes seront bien sèches, vous les mettrez bien proprement chacune dans une feuille de papier, les unes sur les autres, sans avoir besoin de papiers intermédiaires, et vous aurez ainsi un herbier commencé, qui s'augmentera sans cesse avec vos connaissances, et contiendra enfin l'histoire de toute la végétation du pays : au reste, il faut toujours tenir un herbier bien serré, et un peu en presse ; sans quoi les plantes, quelque sèches qu'elles fussent, attireraient l'humidité de l'air et se gripperaient encore.

Voici maintenant l'usage de tout ce travail pour parvenir à la connaissance particulière des plantes, et à bien nous entendre lorsque nous en parlons.

Il faut cueillir deux échantillons de chaque plante ; l'un plus grand pour le garder, l'autre plus petit pour me l'envoyer. Vous les numéroterez avec soin, de façon que le grand et le petit échantillon de chaque espèce aient toujours le même numéro. Quand vous aurez une douzaine ou deux d'espèces ainsi desséchées, vous me les enverrez dans un petit cahier par quelque occasion. Je vous enverrai le nom et la description des mêmes plantes; par le moyen des numéros, vous les reconnaîtrez dans votre herbier, et de là sur la terre, où je suppose que vous aurez commencé de les bien examiner. Voilà un moyen infaillible de faire des progrès aussi sûrs et aussi rapides qu'il est possible loin de votre guide.

N. B. J'ai oublié de vous dire que les mêmes papiers peuvent servir plusieurs fois, pourvu qu'on ait soin de les bien aérer et dessécher auparavant. Je dois ajouter aussi que l'herbier doit être tenu dans le lieu le plus sec de la maison, et plutôt au premier qu'au rez-de-chaussée.

FIN DES LETTRES.

PETIT DICTIONNAIRE
DE BOTANIQUE.

A.

Abortif, qui ne parvient point à sa perfection.

Acaules. Les plantes ainsi nommées sont celles qui, comme le plantain, sont dépourvues de tiges.

Acotylédons. (Voy. pages 51 et 69.)

Adelphes, étamines réunies par leur base ou par leurs anthères.

Adoucissantes, plantes telles que la mauve, la guimauve, le coquelicot, l'orge, etc.

Aériennes, racines qui, comme la vanille aromatique, naissent en partie exposées à l'air.

Agames, plantes qui n'ont point d'organes sexuels apparents, les champignons, les lichens.

Agarics, espèces de champignons parasites qui servent à faire l'amadou.

Agrégées, fleurs composées d'une multitude de petites fleurs complètes qui semblent n'en former qu'une seule.

Aigrette, touffe de filaments simples ou plumeux qui couronne les semences dans plusieurs genres de composées et d'autres fleurs. L'aigrette est ou sessile, c'est à dire immédiatement attachée autour de l'embryon qui les porte, ou pédiculée, c'est à dire portée par un pied, appelé *stipe*, qui la tient élevée au dessus de l'embryon. L'aigrette sert d'abord de calice au fleuron, ensuite elle le pousse et le chasse à mesure qu'il se fane pour qu'il ne reste pas sous la semence et ne l'empêche pas de mûrir ; elle garantit cette même semence de l'eau de la pluie qui pourrait la pourrir, et lorsque la semence est mûre, elle lui sert d'aile pour être portée et disséminée au loin par le vent.

Aisselles. Le rameau, par exemple, forme un angle quelconque avec le tronc, la feuille avec la branche ou avec le rameau, et c'est ce point de contact auquel on a donné le nom d'aisselle.

Alternes, rameaux ou feuilles d'une plante qui, étant opposés l'un à l'autre, s'élèvent de manière à former autant de degrés par lesquels on pourrait, en les montant en imagination, arriver de la base au sommet de la plante ; le tilleul.

Amentacées, plantes dont les fleurs sont disposées en chaton.

Amplexicaule, dont la base embrasse la tige.

Angiosperme, à semences enveloppées.

Annuelles, racines qui périssent avec leurs tiges dans le cours de l'année, le blé, la laitue, etc. Se dit aussi des plantes qui ne vivent pas au delà d'un an.

Anomales, nom donné à toutes les fleurs qui sont formées de pétales dissemblables, et auxquelles on ne peut attacher un nom particulier, la capucine.

Anthères, capsules ou boîtes portées par le filet de l'étamine, et qui, s'ouvrant au moment de la fécondation, répandent la poussière prolifique.

Apéritives, plantes qui facilitent les sécrétions ; le chiendent, la fumeterre, la chicorée sauvage, les fleurs de tilleul, etc.

Apétales, fleurs dépourvues de corolle.

Aphylles, plantes qui, comme la salicorne, sont dépourvues de feuilles. On pourrait dire *effeuillé*; mais ce terme signifie dont on a ôté les feuilles, et aphylle qui n'en a point.

Articulé. Se dit lorsque quelqu'une des parties de la plante se trouve coupée par des nœuds distribués de distance en distance.

Arille, partie charnue qu'on rencontre dans quelques fruits, et qui n'est qu'une expansion du cordon ombilical.

Astringentes. On appelle ainsi les plantes qui ont une saveur âpre et dont la propriété est de remédier à l'atonie des différents organes internes; la patience, la mélisse, etc.

Aubier, nouveau bois qui se forme chaque année sur le corps ligneux.

B.

Baccifère, dont le fruit est une baie.

Baie, péricarpe mou, ou fruit charnu indéhiscent, qui n'a pas de loges distinctes, et dont les graines sont placées çà et là au milieu de la pulpe; le raisin, la groseille, etc.

Bale ou *glume*, calice des graminées.

Bifides. On dit bifides, trifides, quadrifides, etc., pour désigner les feuilles qui sont fendues en deux, trois ou quatre lanières longitudinales, et jusqu'à la moitié environ, et séparées par un angle rentrant aigu ou moins profondément, ces parties étant trop étroites pour recevoir le nom de dents.

Biloculaires, fruits qui ont deux loges.

Bisannuelles, racines qui durent avec leurs tiges deux ans; le persil, le salsifis.

Bivalves, fruits capsulaires qui s'ouvrent en deux panneaux bien distincts; composés de deux valves qui contiennent une très grande quantité de semences qui sont adhérentes à un placenta central ou latéral, selon le végétal qui le produit; la saxifrage dorée.

Bourgeon, germe des feuilles et des branches.

Bouton, germe des fleurs.

Bouture. C'est une jeune branche que l'on coupe à certains arbres moelleux, tels que le figuier, le saule, laquelle reprend en terre sans racine.

Bractées. Ce sont ces petites feuilles ordinairement colorées qui, comme dans la bugle, accompagnent les fleurs en les séparant les unes des autres.

Branches, bras pliants et élastiques du corps de l'arbre; elles sont ou alternes, ou opposées, ou verticillées. Le bourgeon s'étend peu à peu en branches posées collatéralement, et composées des mêmes parties que la tige; et l'on prétend que l'agitation des branches causée par le vent est aux arbres ce qu'est aux animaux l'impulsion du cœur.

Brou, enveloppe verte et charnue qui entoure le fruit du noyer.

Bulbe, racine orbiculaire composée de plusieurs peaux ou tuniques emboîtées les unes dans les autres. Les bulbes sont plutôt des boutons sous terre que des racines; ils en ont eux-mêmes de véritables, généralement cylindriques et rameuses.

C.

Caduques, feuilles qui tombent avant la maturité des fruits, ou qui tombent à la fin de l'été; le chêne commun, le charme, etc. On dit aussi que le calice d'une fleur est caduc lorsqu'il tombe avant les pétales.

Caïeu ou *cayeu,* petite bulbe ou petit bourgeon qui naît à l'aisselle des écailles extérieures des bulbes, et qui contient les rudiments d'une plante nouvelle.

Campaniforme, en forme de cloche.

Capillaire, feuille très ténue; l'asperge officinale, le fétu rouge.

Caprification, fécondation des fleurs femelles d'une sorte de figuier dioïque par la poussière des étamines de l'individu mâle, appelé caprifiguier. Au moyen de cette opération de la nature, aidée en cela de l'industrie humaine, les figues ainsi fécondées grossissent, mûrissent et donnent une récolte meilleure et plus abondante qu'on ne l'obtiendrait sans cela.

La merveille de cette opération consiste en ce que, dans le genre du figuier, les fleurs étant écloses dans le fruit, il n'y a que celles qui sont hermaphrodites, ou androgynes, qui semblent pouvoir être fécondées; car, quand les sexes sont tout à fait séparés, on ne voit pas comment la poussière des fleurs mâles pourrait pénétrer sa propre enveloppe et celle du fruit femelle jusqu'au pistil qu'elle doit féconder : c'est un insecte qui se charge de ce transport. Une sorte de moucheron, particulier au caprifiguier, y pond, y éclôt, s'y couvre de la poussière des étamines, la porte par l'œil de la figue à travers les écailles qui garnissent l'entrée jusque dans l'intérieur du fruit; et là cette poussière, ne trouvant plus d'obstacles, se dépose sur l'organe destiné à la recevoir.

Capsule, péricarpe sec d'un fruit sec.

Capuchon, coiffe pointue qui couvre ordinairement les mousses, et qui s'en détache quand elles approchent de la maturité.

Caryophyllée, fleur en œillet.

Chancissure, maladie qui attache les racines des arbres; elle consiste en une espèce de moisissure qui, vue au microscope, présente un amas de véritables plantes dans lesquelles on distingue des tiges, des rameaux et des fleurs.

Charbon, maladie contagieuse qui attaque les plantes céréales. Cette maladie est plus communément connue sous le nom de *nielle*, de *carie*.

Chaton, assemblage de fleurs sessiles sur un axe commun, ayant un peu de ressemblance avec une queue de chat. Il y a des chatons à fleurs mâles et d'autres à fleurs femelles; le noisetier, le saule.

Chaume, tige des graminées, qui est creuse et cylindrique, ayant d'espace en espace des nœuds d'où partent les feuilles.

Chevelues, racines composées d'un nombre considérable de fibres déliées; le fraisier.

Cirrhe, filament au moyen duquel certaines plantes s'attachent à d'autres corps; la vigne.

Collet, petite couronne qui termine intérieurement la gaîne des feuilles des graminées.

Composées, feuilles dont les pétioles portent plusieurs folioles; la vesce, le marronnier d'Inde.

Conifères, fruits particuliers qui appartiennent à la famille des sapins et des cèdres du Liban, composés d'écailles superposées les unes sur les autres, placées longitudinalement, et tenant à un axe commun qui est considéré comme un prolongement de rameau; dans ses fruits, les graines sont attachées sur les écailles.

Conjuguée, feuilles composées dont les pétioles portent une ou plusieurs paires de folioles opposées; de là le nom donné à ce genre de feuilles *bijuguées, trijuguées,* quand il y en a deux ou trois paires.

Cordiforme, en forme de cœur.

Cortical, qui appartient à l'écorce.

Corymbifères, désignation de certaines plantes qui portent de nombreuses fleurs qui sont tellement disposées que les rameaux ou pédoncules qui les portent naissent de points différents et s'élèvent à peu près à la même hauteur ; la camomille, l'armoise.

Crucifères, en forme de croix.

Cucurbitacées , familles des courges ; ordre deuxième de la quinzième classe des plantes dicotylédones de Jussieu, classe qui contient les diclines irrégulières, et dont les caractères sont des fleurs monoïques ou idoïques, rarement hermaphrodites; une corolle monopétale à cinq loges, faisant corps avec le calice, trois ou cinq étamines, anthères tortueuses, trois ou cinq styles, un ovaire infère et une baie polysperme.

Culmifère, plante dont la tige est un chaume.

Cunéiformes, feuilles imitant par leur forme un cône ou un triangle ; le pourpier.

D.

Décurrentes, feuilles sessiles dont les bords se prolongent en forme d'aile le long de la tige; la consoude, les chardons, etc.

Décursives, feuilles dont la nervure seule est décurrente. Ce mot est commun au style, lorsque, paraissant partir du sommet et même de l'ovaire, il descend en rampant sur un des côtés jusqu'au point correspondant à l'hile de l'ovule.

Déhiscence, action par laquelle les valves distinctes qui ferment un organe clos quelconque, et qui étaient réunies par une suture, se séparent sans déchirement et le long de cette suture.

Dentées, feuilles dont les bords offrent de petites et courtes saillies.

Diadelphes, étamines réunies en deux corps par leurs filets, un de ceux-ci pouvant être solitaire.

Diclines. On appelle ainsi les fleurs qui ont leurs étamines séparées de leurs pistils, c'est à dire que les unes sont seules dans une corolle, et que les autres sont également isolées dans une autre corolle. Cette séparation des organes sexuels a lieu de deux manières; ou sur le même pied, ou sur des pieds différents. Celle qui a lieu sur le même pied se nomme *monoïque*, le maïs, l'ortie, le chêne; si la séparation a lieu sur des pieds différents, comme le gui, l'épinard, le chanvre, le houblon, on l'appelle *dioïque*.

Digitées, feuilles composées, et qui imitent par leurs découpures les doigts de la main. Se dit aussi des racines charnues dont les ramifications ont été divisées comme des doigts; l'orchis digité.

Digyne, fleur ayant ou deux pistils, ou deux styles, ou deux stigmates sessiles.

Diptère, ayant deux ailes.

Disperme, fruit renfermant deux graines, tantôt *apposées* l'une à côté de l'autre, ou *superposées* l'une au dessus de l'autre.

Diurétiques, parties de plantes qui ont la propriété d'exciter les urines; les feuilles de la sauge, de la bourrache, les graines de la violette, du fraisier, etc.

Dorsifères, feuilles qui portent sur leur dos les parties de la fructification; les fougères.

Drageons ou *rejets*, branches enracinées qui sortent du pied ou tronc d'un arbre, et qu'on peut détacher sans pour cela leur ôter la faculté d'y reprendre racine en les transplantant.

Drupe, fruit charnu renfermant une seule noix; la cerise, la pêche.

E.

Elliptiques, feuilles dont le disque est allongé en ellipse; le prunier, le fusain, etc.

Embryon, jeune fruit qui renferme en petit la plante : il est ou droit, ou courbé, ou roulé en spirale. L'une de ses extrémités est formée par la *radicule* (principe d'une racine), l'autre est constituée par le *cotylédon*, dont la base interne donne naissance à la plumule. Nul embryon végétal ne peut exister sans cotylédon.

Endosperme, corps varié, charnu ou farineux, quelquefois corné et presque osseux.

Endocarpe, espèce de peau ou membrane

interne qui diffère selon le fruit, et qui forme, dans son intérieur, des loges ou cloisons.

Ensiformes, feuilles qui ont la forme d'un glaive ou épée; le faux acorus, l'iris jaune, etc.

Eperon, prolongement postérieur de la base du calice ou de la corolle de certaines fleurs au delà de son calice.

Epi, assemblage de fleurs de forme allongée, etc., sessiles ou courtement pédiculées, attachées à un axe commun, simple ou non ramifié.

Epicarpe, peau ou petite partie membraneuse qui revêt extérieurement le fruit, et laquelle membrane y représente l'épiderme; la poire, la pomme.

Epiderme, membrane ou peau transparente et insensible qui couvre la peau qui entoure toutes les parties quelconques des végétaux.

Epigyne, corolle et étamines insérées sur l'ovaire, et alors ce dernier organe est infère.

Espèce, réunion de plusieurs variétés ou individus sous un caractère commun qui les distingue de toutes les autres plantes du même genre.

Etiolée, branche qui s'élève à une hauteur extraordinaire sans prendre de couleur ni de grosseur. L'étiolement est une maladie des plantes causée par la privation de la lumière et de l'air; elles périssent avant de donner des fruits.

Etendard, pétale supérieur de fleurs légumineuses.

Exotique, plante étrangère au climat qu'elle habite.

F.

Famille. C'est un ordre ou arrangement par lequel on désigne aujourd'hui les groupes ou genres de plantes qui sont liés par des caractères communs.

Fasciculées, feuilles ramassées comme en paquet par le raccourcissement du ramoncule qui les porte.

Fécondation, opération naturelle par laquelle les étamines portent, au moyen du pistil, jusqu'à l'ovaire le principe de vie nécessaire à la maturisation des semences et à leur germination.

Filet, partie très déliée de l'étamine qui soutient l'anthère.

Fleur. On prend généralement pour la fleur la partie colorée de la fleur qui est la corolle : mais on s'y trompe aisément ; il y a des bractées et d'autres organes autant et plus colorés que la fleur même, et qui n'en font point partie, comme on le voit dans l'ormin, dans le blé de vache, dans plusieurs amaranthes ; il y a des multitudes de fleurs qui n'ont point du tout de corolle, d'autres qui l'ont sans couleur, si petite et si peu apparente qu'il n'y a qu'une recherche bien soigneuse qui puisse l'y faire trouver. Lorsque les blés sont en fleurs, y voit-on des pétales colorés? En voit-on dans les mousses, dans les graminées? En voit-on dans les chatons du noyer, du hètre et du chêne, dans l'aune, dans le noisetier, dans le pin et dans ces multitudes d'arbres et d'herbes qui n'ont que des fleurs à étamines? Ces fleurs néanmoins n'en portent pas moins le nom de fleurs : l'essence de la fleur n'est donc pas dans la corolle.

Elle n'est pas non plus séparément dans aucune des autres parties constituantes de la fleur, puisqu'il n'y a aucune de ces parties qui ne manque à quelques espèces de fleurs. Le calice manque, par exemple, à presque toute la famille des liliacées, et l'on ne dira pas qu'une tulipe ou un lis ne sont pas une fleur. S'il y a quelques parties plus essentielles que d'autres à une fleur, ce sont certainement le pistil et les étamines. Or, dans toute la famille des cucurbitacées, et même dans toute la classe des monoïques, la moitié des fleurs sont sans pistil et l'autre moitié sans étamines, et cette privation n'empêche pas qu'on ne les nomme et qu'elles ne soient les unes et les autres de véritables fleurs. L'essence de la fleur ne consiste donc ni séparément dans quelques unes de ses parties dites constituantes, ni même dans l'assemblage de toutes ses parties.

La fleur n'est que le foyer et l'instrument de la fécondation. Une seule suffit quand elle est hermaphrodite. Quand elle n'est que mâle ou femelle, il en faut deux, savoir, une de chaque sexe; et si l'on fait entrer d'autres parties, comme le calice et la corolle, dans la composition de la fleur, ce ne peut être comme essentielles, mais seulement comme nutritives et conservatrices de celles qui le sont. Il y a des fleurs sans calice, il y en a sans corolle; il y en a même sans l'un et sans l'autre; mais il n'y en a point et il n'y en saurait avoir qui soient en même temps sans pistil et sans étamines.

La fleur est une partie locale et passagère de la plante qui précède la fécondation du germe, et dans laquelle ou par laquelle elle s'opère.

Je ne m'étendrai pas à justifier ici tous les termes de cette définition, qui peut-être n'en vaut pas la peine; je dirai seulement que le mot *précède* m'y paraît essentiel, parce que le plus souvent la corolle s'ouvre et s'épanouit avant que les anthères s'ouvrent à leur tour; et dans ce cas il est incontestable que la fleur préexiste à l'œuvre de la fécondation. J'ajoute que cette fécondation s'opère *dans elle* ou *par elle*, parce que dans les fleurs mâles des plantes androgynes et dioïques il ne s'opère aucune fructification, et qu'elles n'en sont pas moins des fleurs pour cela.

Voilà, ce me semble, la notion la plus juste qu'on puisse se faire de la fleur, et la seule qui ne laisse aucune prise aux objections qui renversent toutes les autres définitions qu'on a tenté d'en donner jusqu'ici. Il faut seulement ne pas prendre strictement le mot *durant* que j'ai employé dans la mienne; car, même avant que la fécondation du germe soit commencée, on peut dire que la fleur existe aussitôt que les organes sexuels sont en évidence, c'est à dire aussitôt que la corolle est épanouie, et d'ordinaire les anthères ne s'ouvrent pas à la poussière séminale dès l'instant que la corolle s'ouvre aux anthères; cependant la fécondation ne peut commencer avant que les anthères soient ouvertes. De même l'œuvre de la fécondation s'achève souvent avant que la corolle se flétrisse et tombe: or, jusqu'à cette chute, on peut dire que la fleur existe encore. Il faut donc donner nécessairement un peu d'extension au mot *durant* pour pouvoir dire que la fleur et l'œuvre de la fécondation commencent et finissent ensemble.

Comme généralement la fleur se fait remarquer par sa corolle, partie bien plus apparente que les autres par la vivacité de ses couleurs, c'est dans cette corolle aussi qu'on fait machinalement consister l'essence de la fleur; et les botanistes eux-mêmes ne sont pas toujours exempts de cette petite illusion; car souvent ils emploient le mot fleur pour celui de corolle; mais ces petites impropriétés d'inadvertance importent peu quand elles ne changent rien aux idées qu'on a des choses quand on y pense. De là ces mots de fleurs monopétales, polypétales, de fleurs labiées, personnées, de fleurs régulières, irrégulières, etc., qu'on trouve fréquemment dans les livres mêmes d'institutions. Cette petite impropriété était non seulement pardonnable, mais presque forcée à Tournefort et à ses contemporains, qui n'avaient pas encore le mot de corolle, et l'usage s'en est conservé depuis eux par l'habitude sans grand inconvénient. Mais il ne serait pas permis à moi, qui remarque cette incorrection, de l'imiter ici; ainsi je renvoie au mot *Corolle* (*Voy.* page 33) à parler de ses formes diverses et de ses divisions.

Mais je dois parler ici des fleurs composées et simples, parce que c'est la fleur même et non la corolle qui se compose, comme on le va voir après l'exposition des parties de la fleur simple.

On divise cette fleur en complète et incomplète. La fleur complète est celle qui contient toutes les parties essentielles ou concourantes à la fructification, et ces parties sont au nombre de quatre; deux essentielles; savoir, le pistil et l'étamine, ou les étamines, et deux accessoires ou concurrentes; savoir, la corolle et le calice, à quoi l'on doit ajouter le disque ou réceptacle qui porte le tout.

La fleur est complète quand elle est composée de toutes ces parties; quand il lui en manque quelqu'une, elle est incomplète. Or, la fleur incomplète peut manquer non seulement de corolle ou de calice, mais même de pistil ou d'étamines; et dans ce dernier cas il y a toujours une autre fleur, soit sur le même individu, soit sur un différent, qui porte l'autre partie essentielle qui manque à celle-ci; de là la division en fleurs hermaphrodites, qui peuvent être complètes ou ne l'être pas, et en fleurs purement mâles ou femelles, qui sont toujours incomplètes.

La fleur hermaphrodite incomplète n'en est pas moins parfaite pour cela, puisqu'elle se suffit à elle-même pour opérer la fécondation; mais elle ne peut être appelée complète, puisqu'elle manque de quelqu'une des parties de celles qu'on appelle ainsi. Une rose, un œillet sont, par exemple, des fleurs parfaites et complètes, parce qu'elles sont pourvues de toutes ces parties. Mais une tulipe, un lis ne sont point des fleurs complètes, quoique parfaites, parce qu'elles n'ont point de calice; de même la jolie petite fleur appelée paronychia est parfaite comme hermaphrodite, mais elle est incomplète, parce que, malgré sa riante couleur, il lui manque une corolle.

Toute fleur d'où résulte une seule fructification est une fleur simple. Mais si d'une seule fleur résultent plusieurs fruits, cette fleur s'appellera composée, et cette pluralité n'a jamais lieu dans les fleurs qui n'ont qu'une corolle. Ainsi toute fleur composée a nécessairement, non seulement plusieurs pétales, mais plusieurs corolles; et pour que la fleur soit réellement composée, et non pas une seule agrégation de plusieurs fleurs simples, il faut que quelqu'une des parties de la fructification soit commune à tous les fleurons composants, et manque à chacun d'eux en particulier.

Je prends, par exemple, une fleur de laiteron, la voyant remplie de plusieurs petites fleurettes, et je me demande si c'est une fleur composée. Pour savoir cela, j'examine toutes les parties de la fructification l'une après l'autre, et je trouve que chaque fleurette a des étamines, un pistil, une corolle, mais qu'il n'y a qu'un seul réceptacle en forme de disque qui les reçoit toutes, et qu'il n'y a qu'un seul grand calice qui les environne; d'où je conclus que la fleur est composée, puisque deux parties de la fructification, savoir, le calice et le réceptacle, sont communes à toutes et manquent à chacune en particulier.

Je prends ensuite une fleur de scabieuse, où je distingue aussi plusieurs fleurettes: je l'examine de même, et je trouve que chacune d'elles est pourvue, en son particulier, de toutes les parties de la fructification, sans en excepter le calice et même le réceptacle, puisqu'on peut regarder comme tel le second calice qui sert de base à la semence. Je conclus donc que la scabieuse n'est point une fleur composée, quoiqu'elle rassemble comme elle plusieurs fleurettes sur un même disque et dans un même calice.

Comme ceci pourtant est sujet à dispute, surtout à cause du réceptacle, on tire des fleurettes mêmes un caractère plus sûr, qui convient à toutes celles qui constituent proprement une fleur composée, et qui ne convient qu'à elles; c'est d'avoir cinq étamines réunies en tube cylindrique par leurs anthères autour du style et divisées par leurs cinq filets au bas de la corolle. Toute fleur dont les fleurettes ont leurs anthères ainsi disposées est donc une fleur composée, et toute fleur où l'on ne voit aucune fleurette de cette espèce n'est point une fleur composée, et ne porte même au singulier qu'improprement le nom de fleur, puisqu'elle est réellement une agrégation de plusieurs fleurs.

Ces fleurettes partielles, qui ont ainsi leurs anthères réunies, et dont l'assemblage forme une fleur véritablement composée, sont de deux espèces: les unes, qui sont régulières et tubulées, s'appellent proprement fleurons, les autres, qui sont échancrées et ne présentent par le haut qu'une languette plane et le plus souvent dentelée, s'appellent demi-fleurons; et des combinaisons de ces deux espèces dans la fleur totale résultent trois sortes principales de fleurs composées, savoir celles qui ne sont garnies que de fleurons, et celles qui ne sont garanties que de demi-fleurons, et celles qui sont mêlées des uns et des autres.

Les fleurs à fleurons ou fleurs fleuronnées se divisent encore en deux espèces, relativement à leur forme extérieure ; celles qui présentent une figure arrondie en manière de tête, et dont le calice approche de la forme hémisphérique, s'appellent *fleurs en tête*; tels sont, par exemple, les chardons, les artichauts, la chausse-trape.

Celles dont le réceptacle est le plus aplati, en sorte que leurs fleurons forment avec le calice une figure à peu près cylindrique, s'appellent *fleurs en disque* ; la santoline, par exemple, et l'eupatoire offrent des fleurs en disque ou discoïdes.

Les fleurs à demi-fleurons s'appellent demi-fleuronnées, et leur figure extérieure ne varie pas assez régulièrement pour offrir une division semblable à la précédente. Le salsifis, la scorsonère, le pissenlit, la chicorée ont des fleurs demi-fleuronnées.

A l'égard des fleurs mixtes, les demi-fleurons ne s'y mêlent pas parmi les fleurons en confusion, sans ordres ; mais les fleurons occupent le centre du disque, les demi-fleurons en garnissent la circonférence et forment une couronne à la fleur, et ces fleurs ainsi couronnées portent le nom de *fleurs radiées*. Les reines-marguerites et tous les asters, le souci, les soleils portent tous des fleurs radiées.

Toutes ces sections forment encore dans les fleurs composées, et relativement au sexe des fleurons, d'autres divisions dont il sera parlé dans l'article *Fleuron*.

Les fleurons simples ont une autre sorte d'opposition dans celle qu'on appelle fleurs doubles ou pleines.

La fleur double est celle dont quelqu'une des parties est multipliée au delà de son nombre naturel, mais sans que cette multiplication nuise à la fécondation du germe.

Les fleurs se doublent rarement par le calice, presque jamais par les étamines. Leur multiplication la plus commune se fait par la corolle. Les exemples les plus fréquents en sont dans les fleurs polypétales, comme œillets, anémones, renoncules; les fleurs monopétales doublent moins communément. Cependant on voit assez souvent des campanules, des primevères, des auricules, et surtout des jacinthes à fleur double.

Ce mot de fleur double ne marque pas dans le nombre des pétales une simple multiplication, mais une multiplication quelconque. Soit que le nombre des pétales devienne double, triple, quadruple, etc., tant qu'ils ne multiplient pas au point d'étouffer la fructification, la fleur garde toujours le nom de fleur double; mais, lorsque les pétales trop multipliés font disparaître les étamines et avorter le germe, alors la fleur perd le nom de fleur double et prend celui de fleur pleine.

Quoique la plus commune plénitude des fleurs se fasse par les pétales, il y en a néanmoins qui se remplissent par le calice, et nous en avons un exemple bien re[illegible]quable dans l'immortelle appelée *xéranthe*[illegible] Cette fleur, qui paraît radiée, et qui réellement est discoïde, porte ainsi que la *carline* un calice imbriqué, dont le rang intérieur a ses folioles longues et colorées; et cette fleur, quoique composée, double et multiplie tellement par ses brillantes folioles qu'on les prendrait, garnissant la plus grande partie du disque, pour autant de demi-fleurons.

Ces fausses apparences abusent souvent les yeux de ceux qui ne sont pas botanistes; mais quiconque est initié dans l'intime structure des fleurs ne peut s'y tromper un moment. Une fleur demi-fleuronnée ressemble extérieurement à une fleur polypétale pleine; mais il y a toujours cette différence essentielle que, dans la première, chaque demi-fleuron est une fleur parfaite qui a son embryon, son pistil et ses étamines, au lieu que, dans la fleur pleine, chaque pétale multiplié n'est toujours qu'un pétale qui ne porte aucune des parties essentielles à la fructification. Prenez l'un après l'autre les pétales d'une renoncule simple, ou double, ou pleine, vous ne trouverez dans aucun nulle autre chose que le pétale même; mais dans le pissenlit chaque demi-fleuron, garni d'un style entouré d'étamines, n'est pas un simple pétale, mais une véritable fleur.

On me présente une fleur de nymphæa jaune, et l'on me demande si c'est une composée ou une fleur double. Je réponds que ce n'est ni l'un ni l'autre. Ce n'est pas une composée, puisque les folioles qui l'entourent ne sont pas des demi-fleurons; et ce n'est pas une fleur double, parce que la duplication n'est l'état naturel d'aucune fleur, et que l'état naturel de la fleur de nymphæa jaune est d'avoir plusieurs enceintes de pétales autour de son embryon. Ainsi cette multiplicité n'empêche pas le nymphæa jaune d'être une fleur simple,

La constitution commune au plus grand nombre des fleurs est d'être hermaphrodites, et cette constitution paraît, en effet, la plus convenable au règne végétal, où les individus, dépourvus de tout mouvement progressif et spontané, ne peuvent s'aller chercher l'un l'autre quand les sexes sont séparés. Dans les arbres et les plantes où ils le sont, la nature, qui sait varier ses moyens, a pourvu à cet obstacle : mais il n'en est pas moins vrai généralement que des êtres immobiles doivent, pour perpétuer leur espèce, avoir en eux-mêmes tous les instruments propres à cette fin. (Voy. page 29.)

Fleurette, petite fleur complète qui entre dans la structure d'une fleur agrégée.

Fleuron, petite fleur incomplète qui entre dans la structure d'une fleur composée. (Voy. *Fleur.*)

Folioles, petites feuilles partielles qui appartiennent aux fleurs composées : on donne aussi ce nom aux petites pièces distinctes qui forment le calice de certaines fleurs.

Follicule, fruit géminé, provenant d'un seul pistil bipartible jusqu'à la base. Il n'appartient qu'aux apocynées.

Frangé, ayant à ses bords des découpures très fines.

Fusiforme, en forme de fuseau.

G.

Gaîne, expansion de la partie inférieure d'une

feuille, par laquelle celle-ci enveloppe la tige.

Géminées, naissant deux ensemble du même lieu, ou rapprochées deux à deux.

Gemmule, partie de la plumule située au dessous des cotylédons.

Genre, réunion de plusieurs espèces sous un caractère commun qui les distingue de toutes les autres plantes.

Germe, embryon, ovaire, fruit. Le germe est le premier rudiment de la nouvelle plante; il devient embryon ou ovaire au moment de la fécondation, et ce même embryon devient fruit en mûrissant : voilà les différences exactes; mais on n'y fait pas toujours attention dans l'usage, et l'on prend souvent ces mots l'un pour l'autre indifféremment.

Il y a deux sortes de germes bien distincts; l'un contenu dans la semence, lequel, en se développant, devient plante, et l'autre contenu dans la fleur, lequel, par la fécondation, devient fruit. On voit par quelle alternative perpétuelle chacun de ces deux germes se produit et en est produit.

Glabre, lisse, sans duvet ni poils.

Glandes, organes qui servent à la sécrétion des sucs de la plante.

Glume, espèce de facettes ou paillettes qui environnent ou renferment les organes sexuels de chaque fleur des plantes graminées.

Gousse, péricarpe membraneux à deux valves, dans lesquelles sont attachées les graines alternativement; la gousse a une forme ovale dans l'ébénier, elle est uniloculaire dans la plupart des légumineuses, etc.

Gomme. C'est un suc végétal qui suinte naturellement de certains arbres ; il ne se dissout que dans l'eau et jamais dans les huiles, tandis que les résines se dissolvent dans les huiles et jamais dans l'eau.

Graminées, plantes qui appartiennent à l'ordre quatrième de la classe des monocotylédones.

Grappe, assemblage de fleurs dont les pédicelles partent d'un pédoncule central ; elle diffère de l'épi parce que les fleurs de celui-ci sont sessiles.

Greffe, opération par laquelle on force les sucs d'un arbre à passer dans les couloirs d'un autre arbre ; d'où il résulte que les couloirs de ces deux plantes n'étant pas de même figure et de même dimension, ni placés exactement vis à vis des autres, les sucs, forcés de se subtiliser en se divisant, donnent ensuite des fruits meilleurs et plus savoureux.

Il y a trois sortes de greffes : la greffe en fente, la greffe par approche et la greffe en écusson.

La *greffe en fente* se pratique à la fin de février ou dans le courant de mars sur la naissance des branches ou au haut du tronc : elle consiste à couper sur l'arbre dont on veut propager l'espèce un rameau sain, vigoureux à écorce lisse, garni de deux ou trois yeux ou boutons, et muni inférieurement d'un pouce au moins de bois de deux ans. On taille ce bois des deux côtés en manière de coin ; puis, après avoir scié le tronc ou la branche du sujet que l'on veut greffer, on le fend perpendiculairement, et on insinue dans cette fente la greffe, dont on a soin de faire coïncider l'écorce avec celle du sujet, et on l'y assujettit par un lien d'osier ; recouvrant le tout de terre glaise détrempée, qu'on entoure ensuite d'un linge.

La *greffe par approche*, la plus simple de toutes, consiste à rapprocher l'un de l'autre deux jeunes troncs, ou seulement deux branches de ces troncs, de manière qu'ils se touchent mutuellement. Alors on enlève à chacun ou chacune, au point même de leur contact, et jusqu'à la première couche du bois, une égale portion d'écorce et de liber, puis on unit ensemble ces deux individus entaillés en assujettissant l'une contre l'autre ces deux plaies, qu'on abrite du contact de l'air par les mêmes moyens que ci-dessus.

La *greffe en écusson* consiste à détacher d'une branche de la dernière pousse d'un arbre un morceau d'écorce muni d'un œil, auquel on enlève tout le bois qui peut être resté dans l'intérieur de cette portion d'écorce qu'on taille en manière d'une plume à écrire. Puis, pour placer cet écusson, on fait à l'écorce du sujet deux incisions, l'une horizontale, et l'autre perpendiculaire en bas de la première, et qui forment dans leur ensemble une espèce de T. On soulève doucement, à droite et à gauche, les deux lèvres de l'entaille, et on insinue l'écusson dessous, la pointe en bas jusqu'à ce que son sommet s'adapte exactement à l'écorce incisée transversalement : on rabaisse ensuite les deux lèvres de la plaie de l'écusson, et on maintient le tout au moyen de plusieurs circonvolutions de fils de laine, évitant surtout de recouvrir l'œil. Ce qui importe dans cette greffe, comme dans toutes les autres, c'est que les deux libers coïncident parfaitement ensemble.

Griffes, espèce de racines qui prennent naissance dans l'écorce ou dans la partie ligneuse des plantes qut en sont pourvues; le lierre grimpant.

Grimpantes, plantes dont la tige est incapable de se soutenir elle-même, et qui monte sur les corps voisins au moyen de crampons; la vigne, les bignones.

Gymnosperme, à semences nues.

H.

Hampe, tige herbacée et dépourvue entièrement de feuilles, partant immédiatement de la racine et destinée à porter des fleurs, et par suite les fruits; le pissenlit.

Héliotrope, qui tourne le disque de sa fleur vers le soleil et le suit dans son cours.

Herbacées, plantes qui n'ont qu'une consistance molle et tendre, et qui ne peuvent résister aux rigueurs de l'hiver, soit que leurs racines soient vivaces ou annuelles.

Hermaphrodite, fleur qui a étamines et pistil.

Hile, point par lequel une graine tenait à la cavité du péricarpe.

Hybride, plante qui doit son origine à deux plantes différentes.

Hypogyne, ordre de plantes dont les fleurs et les étamines sont attachées au réceptacle sous le pistil, sans adhérer pour cela à cet organe ni au calice.

Hystéranthées, plantes dont les fleurs naissent avant les feuilles ; l'amandier, le tussilage.

I.

Imbriqués, ées, feuilles éparses et ramassées qui se recouvrent à moitié les unes sur les autres et qui imitent les tuiles d'un toit. Se dit aussi des ognons dont les squammes sont superposées les unes sur les autres en forme de tuiles.

Infère. On dit qu'une corolle est infère lorsqu'elle s'insère sous l'ovaire ou sur le réceptacle de l'ovaire ; ce mot s'applique aussi à l'ovaire quand il fait corps avec le tube du calice.

Infundibuliforme, en entonnoir.

Inspiration ou *inhalation*, faculté qu'ont les plantes ou leurs diverses parties de se pénétrer des fluides dans lesquels elles se trouvent plongées. Les végétaux ne se nourrissent pas seulement des sucs que leurs racines vont pomper dans le sein de la terre ; mais ils s'alimentent aussi par leurs feuilles des fluides qui circulent dans l'atmosphère ou qui s'exhalent du sein de la terre. Pour cet effet, la prévoyante nature a organisé les feuilles de manière que leur surface inférieure est, pour l'ordinaire, garnie de poils ou de petites aspérités par lesquels s'introduisent les fluides de l'atmosphère, qu'elles arrêtent au moyen de ces aspérités pour les transmettre par des canaux particuliers aux branches, et de là au tronc, si ces végétaux sont des arbres. Le cobéa, plante sarmenteuse et grimpante, prouve d'une manière incontestable l'inspiration des feuilles dans l'atmosphère ; car, que l'on place cette plante dans un petit vase rempli de terre, où ses racines trouveront à peine de quoi se sustenter, elle ne poussera d'abord que des tiges grêles et des feuilles de même nature; mais, à mesure qu'elle prendra de l'accroissement, ses tiges et ses feuilles prendront une surface plus que double de celles d'en bas. Ce ne peut donc être que par les feuilles que ce cobéa a puisé dans l'atmosphère les fluides qui ont concouru à l'embonpoint de toutes ses parties à mesure qu'elles se sont développées.

Involucelle, involucre secondaire qui se remarque à chacune des ombellules particulières qui composent une ombelle générale.

Involucre, assemblage de folioles à la base commune de plusieurs pédoncules ou fleurs sessiles.

Irrégulières, plantes qui n'ont point une forme symétrique; la fleur des pois, le mufle-de-veau.

L.

Labiées, plantes dont les fleurs, complètes et simples, ont une corolle monopétale irrégulière.

Lacinié, découpé inégalement en lanières allongées; l'érable, le bec-de-grue.

Légumineuses, plantes qui ont pour fruit une gousse.

Liber, portion de l'écorce comprise entre l'enveloppe cellulaire et l'aubier. Le liber se détache tous les ans de deux autres parties de l'écorce, et, s'unissant avec l'aubier, il produit sur la circonférence de l'arbre une nouvelle couche qui en augmente le diamètre.

Ligneux, qui a la consistance du bois.

Liliacées, fleurs qui portent le caractère du lis.

Limbe, quand une corolle monopétale régulière s'évase et s'élargit par le haut, la partie qui forme cet évasement s'appelle le limbe, et se découpe ordinairement en quatre, cinq ou plusieurs segments. Diverses campanules, primevères, liserons et autres fleurs monopétales offrent des exemples de ce limbe.

Lobes des semences : ce sont deux corps réunis, aplatis d'un côté, convexes de l'autre. Ils sont distincts dans les semences légumineuses.

Loculaire. Lorsque cette termison est précédée des noms de nombre *uni, bi, tri, quadri, quinque*, etc., elle forme un adjectif qui indique qu'une anthère, un fruit, une capsule sont intérieurement divisés en autant de loges.

Loge, cavité intérieure du fruit : il est à plusieurs loges quand il est partagé par des cloisons.

M.

Marcescentes, qui est fané ou ridé; se dit de fleurs qui, quoiqu'elles soient dans toute leur vigueur végétative, ont un aspect défavorable et fané; les fleurs des plantes cucurbitacées.

Méthode. Les botanistes ont appelé ainsi l'arrangement, la disposition qu'ils ont faite des végétaux en groupes ou en familles, d'après la considération d'une ou plusieurs de leurs parties. Ceux qui ont voulu donner une valeur positive et en même temps distincte du mot *système* ont dit que les méthodes en botanique étaient fondées sur un ensemble de parties, comme, par exemple, celle de Tournefort, celle de Jussieu; tandis que les méthodes ne reposent que sur une seule partie. Les méthodes, quelles qu'elles soient, sont toujours artificielles et arbitraires; on ne peut conséquemmment les regarder comme des tableaux infaillibles de la nature, mais seulement comme des inventions très ingénieuses propres à soulager la mémoire en ce qu'elles établissent des classes, des ordres, des familles, des genres, des espèces et des variétés.

Mimeuses. On se sert de cette épithète pour désigner certaines espèces de plantes dont les feuilles se contractent et se rapprochent les unes des autres durant le sommeil, ou bien lorsqu'elles éprouvent le moindre choc : la sensitive pudique fournit un exemple de cette contraction, et même ses rameaux s'inclinent le long de la tige comme s'ils étaient munis de charnières.

Monopétale, corolle composée d'un seul pétale.

Monophylle, calice formé d'une seule pièce.

Monosperme, fruit qui ne contient qu'une seule graine.

N.

Nectaire, organe qui se trouve dans plusieurs genres de plantes, et qui est considéré comme une glande particulière qui sécrète un suc doux et mielleux que les abeilles viennent y puiser.

Nervures, élévations filamenteuses qu'on rencontre sur les feuilles et les pétales.

Neutre, sans étamine et sans pistil.

Nutation. Ce mot indique certains mouvements qui font que la tige de quelques végétaux se dirige vers le point où ils sont plus vivement frappés du soleil.

O.

Œilletons, bourgeons qui sont à côté des racines des artichauts et d'autres plantes, et qu'on détache afin de multiplier ces plantes.

Oléagineuses. On appelle ainsi les plantes dont les fruits, les graines ou semences donnent par expression des huiles différentes, dont les unes sont bonnes à brûler, comme celles que l'on extrait des graines du chenevis, du colza, de la navette, des fruits du noyer, du hêtre, etc. ; les autres sont bonnes à manger, telles sont les huiles d'olive et de pavot : cette dernière est connue dans le commerce sous le nom d'huile d'œillet.

Ombelle, disposition des pédoncules des fleurs de toute une famille de plantes ; le pédoncule principal, d'abord simple dès son origine, s'élève jusqu'à une certaine hauteur, et là il se partage en un plus ou moins grand nombre de pédoncules qui partent tous d'un centre commun, et qui se divisent en divergeant à peu près comme les rayons d'un parasol ; la carotte.

Ombilic, petite cicatrice semblable au nombril des animaux, et qui sert au même usage pour les graines : l'ombilic est parfaitement marqué dans les haricots.

Onglet, partie inférieure de chaque pièce d'une corolle polypétale, et par laquelle elle tient au calice ou au réceptacle; l'onglet des œillets est plus long que celui des roses.

Opercule, petit couvercle qui ferme les urnes de quelques espèces de mousses.

Opposées. On dit que les feuilles sont opposées quand elles sont disposées par paire, et que leurs points d'insertion sont diamétralement opposés, comme dans la scabieuse, le chèvrefeuille.

Ordre. C'est un certain nombre de genres de plantes rangées suivant une série quelconque. L'ordre est au dessous de la classe, et en est la première division.

Ovaire, partie inférieure et la plus considérable du pistil.

Ovale, diminutif d'œuf; rudiment de graine contenue dans l'ovaire.

P.

Palmée. Une feuille est palmée lorsqu'au lieu d'être composée de plusieurs folioles, comme la feuille digitée, elle est seulement découpée en plusieurs lobes dirigés en rayon vers le sommet du pétiole, mais se réunissant avant d'y arriver.

Panicule, fleurs disposées en grappes et à pédicelle rameux et dont les pédicules inférieurs sont allongés, écartés ou très rameux. Tournefort a voulu préciser, par ce mot, toutes les fleurs des graminées qui ne sont pas en épi.

Parasites, plantes qui naissent ou croissent sur d'autres plantes, et se nourrissent de leur substance. La cuscute, le gui, plusieurs mousses et lichens sont des plantes parasites.

Parenchyme, substance pulpeuse ou tissu cellulaire qui forme le corps de la feuille ou du pétale : il est couvert dans l'une et dans l'autre d'un épiderme.

Pédicule, petit pied ou espèce de queue propre à certaines parties des plantes autres que les fleurs et fruits.

Pédoncule, support commun de plusieurs fleurs ou d'une fleur solitaire. En terme vulgaire, la queue d'une fleur ou d'un fruit.

Pépon, fruit des cucurbitacées.

Perfoliée. La feuille perfoliée est celle que la branche enfile, et qui entoure celle-ci de tous côtés; le buplèvre à feuilles rondes.

Périanthe, sorte de calice qui touche immédiatement la fleur ou le fruit.

Péricarpe, partie du fruit. Tout fruit parfait est essentiellement composé de deux parties, le *péricarpe* et *sa graine*. Tout ce qui n'est point partie intégrante de celle-ci appartient à celle-là.

Périgyne. Se dit de la corolle et des étamines des fleurs qui sont attachées autour de l'ovaire libre au fond de la fleur.

Persistantes, feuilles qui ne tombent pas à la fin de l'automne; le chêne, le buis.

Pétale, nom donné à chacune des pièces qui composent une corolle polypétale. (VOYEZ page 33.)

Pétiole, partie de la plante qui sert de support aux feuilles. Le pétiole est une véritable expansion de l'écorce de la tige.

Phanérogames, plante dont les organes sexuels sont apparents. Ce mot est opposé à cryptogame.

Piriforme, qui a la forme de poire.

Pistil, organe femelle de la fleur; il est ordinairement placé au centre, et acquiert, au moment du parfait développement, la faculté de se grossir, de changer de forme et de se convertir en fruit. Il est composé de l'ovaire, du style et du stigmate. (Voy. page 38.)

Pivotante, racine qui a un tronc principal enfoncé perpendiculairement dans la terre.

Placenta, partie interne des péricarpes où adhérent les semences qui y sont attachées.

Plantes. On comprend sous cette dénomination l'innombrable variété des corps organisés, vivants et insensibles, qui sont essentiellement pourvus d'une racine, d'une tige et le plus souvent surmontés de branches et de rameaux garnis de feuilles, de fleurs et de fruits contenant des semences capables de régénérer leurs espèces. On les distingue en plantes herbacées et en plantes ligneuses.

Plantule, germe particulier de la tige qui est destiné à sortir de la terre et à monter immédiatement après le développement des radicules; cette espèce de germe occupe d'abord la cavité des lobes, et se termine par un petit rameau semblable à une plume.

Plumule, embryon qui est développé par la germination, ou vrai germe des plantes qui est emboîté entre les cotylédons, et qui tire d'eux leur nourriture dans les premiers moments de la végétation.

Pollen. C'est une multitude de petits corps sphériques enfermés dans chaque anthère, et qui, lorsque celle-ci s'ouvre et les verse dans le stigmate, s'ouvrent à leur tour, imbibent ce stigmate d'une humeur qui, pénétrant à travers le pistil, va fécondee l'embryon du fruit.

Polygames, plantes qui, sur le même pied, portent des fleurs contenant des étamines mêlées avec des pistils, et qui, dans une autre fleur, et toujours sur le même individu, ne renferment que des étamines seules ou des pistils seuls.

Polypétale, composé de plusieurs pétales.

Polyphylle, composé de plusieurs folioles.

Polysperme, qui renferme plusieurs semences.

Prolifère, fleur du disque de laquelle naissent d'autres fleurs, ou autrement fleur dont la corolle produit de son centre une seconde fleur qui est ordinairement semblable à la première.

Provin, branche de vigne couchée et coudée en terre. Elle pousse des chevelus par les nœuds qui se trouvent enterrés. On coupe ensuite le bois qui tient au cep, et le bout opposé qui sort de terre et devient un nouveau cep.

Pubescentes. Se dit des feuilles dont la superficie est d'un duvet très fin, peu serré et court; le sorbier ou cormier commun.

Pulpe, substance molle et charnue de plusieurs fruits et racines.

Q.

Quadrijuguées, feuilles qui portent sur un même pétiole quatre paires de folioles opposées l'une à l'autre; la casse en faucille.

Quadrilobée, capsule qui, au moment de la maturité des semences, s'ouvre en se partageant en quatre lobes ; la spigélie.

Queue. Ce nom signifie, vulgairement parlant, la partie des plantes qui supporte les feuilles, les fleurs ou les fruits ; en botanique, il est remplacé par ceux de pédoncule pour les fleurs et pour les fruits, et de pétiole pour les feuilles.

R.

Radicales. Se dit des feuilles qui naissent immédiatement du collet de la racine ; la primevère, le pissenlit, etc. Se dit aussi des fleurs qui naissent immédiatement de la racine; le colchique.

Radicule, germe particulier de la racine que la germination fait développer, et qui est destiné à aller chercher les sucs nourriciers dans l'intérieur de la terre.

Rampantes, dénomination qui s'applique aux racines et aux tiges : aux racines, lorsqu'étant horizontales et à peu près de profondeur dans la terre, elles poussent çà et là des rejets ou drageons; aux tiges, quand étant couchées elles se fixent sur la terre de distance en distance par de petites racines qu'elles produisent, comme les tiges de fraisier.

Réceptacle, partie située à l'extrémité du pédoncule, centre de la cavité du calice, base sur laquelle repose immédiatement l'ovaire.

Rejets ou *rejetons*. On appelle ainsi les produits du tronc des arbres et de la tige des plantes; on nomme *drageons* les rejets des racines.

Réniforme, qui a la forme d'un rein.

Résines, excrétions épaisses, visqueuses, dissolubles dans les huiles, l'esprit de vin, et inflammables, à la différence des gommes qui ne s'enflamment point. (Voy. *Gomme.*)

Réticulées, feuilles dont les nervures sont disposées de manière à former un réseau qui imite en quelque sorte la dentelle.

Rosacées, fleurs dont la corolle est composée de cinq pétales.

Rugueux, qui a des rides.

S.

Sagittées, feuilles dont la forme imite un fer de flèche ; le liseron des champs.

Samare, nom donné à la capsule membraneuse de l'orme.

Sarcocarpe, nom donné à la chair ou partie charnue des fruits qui se trouve sous l'épicarpe.

Sarmenteuses, plantes qui poussent des branches ou rameaux souples, comme la vigne, et qui s'attachent aux supports qu'elles rencontrent.

Saxatiles, plantes qui croissent sur les rochers.

Scion, rejeton tendre, débile et ployable d'un arbre ou d'un arbrisseau qui n'a point de feuilles.

Semi-flosculeuses, plantes dont la corolle n'est formée que de demi-fleurons.

Sémination, dispersion naturelle des graines des plantes. Sans les vents, les courants, les animaux, sans les aigrettes, les crochets, la viscosité des graines ou des fruits, la sémination des plantes n'aurait lieu que d'une manière imparfaite : on reconnaît dans toutes ces causes une disposition providentielle.

Serreté. Se dit de ce qui est en scie, légèrement découpé en dents manifestement inclinées en avant.

Sessiles, feuilles qui sont immédiatement insérées sur la tige sans être soutenues par un pétiole; la vigne. Se dit aussi des fleurs simples qui n'ont pas de pédoncules.

Sétacé, soyeux; synonyme de capillaire.

Sève, humeur nutritive des végétaux, pompée de la terre par la racine et communiquée à la tige par la chaleur qui dilate les vaisseaux des plantes, pouvant être comparée pour ses fonctions à celle du sang dans les animaux.

Sexes. Il y a parmi les plantes comme chez les animaux des individus mâles et des individus femelles : les fleurs mâles des végétaux sont celles qui sont pourvues d'étamines seules; les fleurs femelles ne renferment que des pistils. Le plus communément, ces organes sont réunis dans une seule et même fleur, qui alors est dite hermaphrodite ou stylostème.

Silicule, diminutif de silique.

Silique, espèce de fruit sec à deux valves séparées ordinairement par une cloison; sa forme est ,allongée, équilatère et marquée de deux sutures longitudinales qui sont opposées et auxquelles adhèrent les graines.

Solanées. La tige des plantes de cette famille est herbacée, quelquefois grimpante; la plupart des espèces sont munies d'épines; leurs feuilles sont alternes, et leurs fleurs affectent des dispositions différentes. Toutes les solanées, en général, ont un aspect triste et sombre.

Sommeil des plantes. C'est cet état de contraction, cette disposition si différente qu'affectent les corolles ainsi que les feuilles d'un grand nombre d'espèces de plantes légumineuses. Les feuilles surtout prennent dans leur sommeil des situations différentes suivant qu'elles sont simples ou composées. Parmi les feuilles simples celles qui, comme l'arroche des jardins, les apocynées, ont leurs folioles opposées deux à deux et étendues horizontalement pendant le jour, les redressent aux approches de la nuit, et appliquent leurs surfaces supérieures l'une contre l'autre, de manière à former un abri aux jeunes pousses et aux fleurs naissantes qu'elles enveloppent. Parmi les feuilles composées, telles que celles du sainfoin d'Espagne, du baguenaudier, chacune des folioles se rapproche par paires le long de leur pétiole et de bas en haut, et appliquent toutes pendant la nuit leur surface supérieure contre la surface de celle qui est opposée. (Voy. *Mimeuses.*)

Sous-arbrisseau, plante ligneuse moindre que l'arbrisseau, mais qui ne pousse point en automne de boutons à fleurs ou à fruits; tels sont le thym, le romarin, le groseillier, les bruyères, etc.

Spadice ou *régime*. C'est le rameau floral dans la famille des palmiers; il est le vrai réceptacle de la fructification, entouré d'un spathe qui lui sert de voile.

Spathe, sorte de calice membraneux qui sert d'enveloppe aux fleurs avant leur épanouissement, et se déchire pour leur ouvrir passage aux approches de la fécondation. Le spathe est caractéristique dans la famille des palmiers et dans celle des liliacées.

Squammules, petites écailles placées à l'orifice de la corolle de quelques espèces de plantes: ces écailles sont fort visibles dans celle de la bourrache.

Stériles. On nomme ainsi les plantes qui ne donnent point de fruits, quoiqu'elles soient de nature à en produire. La stérilité des plantes a pour cause le changement de climat qu'on leur fait éprouver : c'est pour cette raison que l'hortensia est demeuré constamment stérile chez nous; mais on multiplie aisément ce genre de plantes au moyen des greffes, des marcottes ou des boutons.

Stigmate, sommet du pistil qui s'humecte au moment de la fécondation, pour que la poussière prolifique s'y attache.

Stipule, sorte de foliole ou d'écaille qui naît à la base du pétiole, du pédoncule ou de la branche.

Stolonifères, espèces de racines traçantes qui poussent des jets çà et là qui portent eux-mêmes des racines. Se dit aussi des plantes dont les tiges poussent d'autres tiges latérales propres à la transplantation.

Striées, tiges qui ont de nombreuses côtes longitudinales qui sont séparées par des interstices; l'angélique.

Style, partie du pistil qui tient le stigmate élevé au dessus du germe.

Supère. Se dit d'une corolle qui est supérieure à l'ovaire ou qui est insérée sur l'ovaire lorsqu'il est libre au fond de la fleur, et qu'on distingue toutes les autres parties de cette même fleur. Le calice est supère quand il est posé sur le sommet de l'ovaire comme dans l'épilobe; enfin on dit que le style est supère ou infère par les mêmes motifs qui viennent d'être expliqués.

Superflues, ordre de plantes qui appartient à la dix-neuvième classe du système de Linné; elles ont pour caractères d'avoir un réceptacle nu, une aigrette simple, le calice cylindrique avec des folioles à la base et des écailles vers le sommet.

Surgeon, nom donné aux jeunes branches de l'œillet, etc., auxquelles on fait prendre racine en les buttant en terre lorsqu'elles tiennent encore à la tige : cette opération est une espèce de marcotte.

Suture, jointure de deux parties d'un fruit ou d'une semence qui rentrent l'une dans l'autre, ou du moins qui sont si rapprochées qu'elles paraissent comme soudées ensemble.

T.

Ternée. Une feuille ternée est composée de trois folioles attachées au même pétiole.

Thyrse, fleurs ou bouquet qui diffèrent du corymbe par leur sommet, qui n'est jamais plan; ils diffèrent aussi de la grappe par l'inclinaison du pédoncule, qui n'est pas pendant, comme dans cette dernière.

Tissu cellulaire. Se dit de la dernière partie de l'organisation du tronc; il forme une couche granulée entre l'épiderme et les couches corticales; il est poreux et verdâtre.

Traçantes. Se dit des racines qui s'étendent

horizontalement, et qui jettent des brins çà et là; le sceau-de-Salomon.

Trachées, espèces de petits vaisseaux argentins qui sont roulés en forme de spirale, considérés par Malpighi et Duhamel comme les poumons qui transmettent aux plantes l'air qui est nécessaire à la circulation de la sève ascendante.

Tubercule, excroissance en forme de bosse, ou qui a la forme des graines d'un chapelet, qu'on remarque sur les feuilles, les tiges et les racines des végétaux, et particulièrement sur les racines tubéreuses.

Tubéreuse, espèce de racine dont le corps est charnu, arrondi et solide, d'où partent des petites racines fibreuses; la pomme de terre.

Tunique, membrane ou écorce qui enveloppe la semence. Cette membrane s'appelle robe dans la fève.

Turion, bourgeon radical des plantes vivaces. L'asperge que l'on mange est le turion de la plante.

U.

Urne, boîte ou capsule remplie de poussière que portent la plupart des mousses en fleur. La construction la plus commune de cette urne est d'être élevée au dessus de la plante par un pédicule plus ou moins long, de porter à leur sommet une espèce de coiffe ou de capuchon pointu qui les couvre, adhérent d'abord à l'urne, mais qui s'en détache ensuite et tombe lorsqu'elle est prête à s'ouvrir; de s'ouvrir ensuite aux deux tiers de la hauteur, comme une boîte à savonnette, par un couvercle qui s'en détache et tombe à son tour après la chute de la coiffe; d'être doublement ciliée autour de sa jointure, afin que l'humidité ne puisse pénétrer dans l'intérieur de l'urne tant qu'elle est ouverte; enfin de pencher et se courber aux approches de la maturité pour verser à terre la poussière qu'elle contient.

L'opinion générale des botanistes sur cet article est que cette urne avec son pédicule est une étamine dont le pédicule est le filet, dont l'urne est l'anthère, et dont la poudre qu'elle contient et qu'elle verse est la poudre fécondante qui va fertiliser la fleur femelle; en conséquence de ce système, on donne communément le nom d'anthère à la capsule dont nous parlons.

Utricules, espèces de cellules qui sont mêlées aux vaisseaux des végétaux et qui contiennent la moelle. Ces cellules sont assez larges, mais elles se dessèchent en vieillissant, et alors ce dessèchement produit la mort des plantes à qui cela arrive.

V.

Valvule, espèce de panneau qui s'ouvre lors de la maturité du péricarpe, et qui laisse échapper les graines.

Vénéneuses. On appelle ainsi les plantes qui renferment en elles-mêmes des qualités dangereuses et souvent funestes aux êtres animés qui en font intérieurement usage. Voici une liste alphabétique de celles qui sont communes en France: les aconits napel et tue-loup; les fruits mûrs de l'alcée en épis, l'œtuse persillée ou petite ciguë, l'agaric ou champignon, les anémones pulsatille, sauvage ou des bois, l'aristoloche clématite, les asclépiades noire et dompte-venin, la balsamine des bois, les fruits de la belladone, la racine de la bétoine officinale, celle de la bryone; le cabaret, le chanvre, la chélidoine ou éclaire, la cicutaire aquatique, la ciguë maculée, la clématite brûlante, le colchique d'automne, les digitales, le fusain d'Europe, le genêt griot, le glaïeul, la gratiole officinale, le gui, les ellébores à pied de griffon et noir, l'if, l'iris flambe, la jusquiame, la lauréole, les baies du lierre, le ményanthe, la momordique, la morelle, le mufflier, la nielle des champs et celle à involucre, l'œnanthée fistuleuse, l'orpin, les orties brûlante et dioïque; la racine du pain-de-pourceau ou cyclamen, la parisette à quatre feuilles, le pavot, la pédiculaire des marais, la phellandrie aquatique, le pied-de-veau commun, la pivoine, la pommette ou stramoine, le prunier-cerise ou laurier-amandier, toutes les espèces de renoncules, la renouée âcre, la rue des jardins, le seigle ergoté, la serpentaire, le sumac toxicodendron, les tithymales, surtout l'épurge, les vératres blanc et noir, l'ivraie. Ces plantes, à la vérité, ne sont pas toutes des poisons également dangereux, mais elles sont ou narcotiques ou au moins des vomitifs violents. L'odeur vénéreuse est celle qui se manifeste avec des émanations nuisibles, comme celles de l'hièble ou du chanvre.

Verticillées, feuilles qui sont disposées en anneau autour de la tige où elles forment une espèce d'étoile; le caillet, le lis martagon du Canada. Se dit aussi des fleurs qui sont disposées autour d'une tige comme sur un axe commun.

Vésicules, petits corps ronds ou ovales qui fournissent souvent une liqueur visqueuse, et qu'on remarque sur l'écorce des jeunes pousses our sur les feuilles des arbres.

Verticales. Se dit des feuilles dont la surface est perpendiculaire à l'horizon. Se dit aussi des fleurs qui pendent perpendiculairement et sont tournées vers la terre ; le muguet.

Vireuses. Se dit de certaines plantes dont les vertus délétères sont nuisibles aux autres plantes qui ne peuvent végéter trop près d'elles sans s'étioler et même mourir.

Visqueuses, feuilles enduites d'un suc glutineux, tenace et collant ; le senecon visqueux, l'aune.

Vivace, qui vit plusieurs années ; les arbres, les arbrisseaux, les sous-arbrisseaux sont tous vivaces. Plusieurs herbes même le sont, mais seulement par leurs racines. Ainsi le chèvrefeuille et le houblon, tous deux vivaces, le sont différemment. Le premier conserve, pendant l'hiver, ses tiges, en sorte qu'elles bourgeonnent et fleurissent le printemps suivant ; mais le houblon perd les siennes à la fin de chaque automne, et recommence toujours chaque année à en pousser de son pied de nouvelles. Les plantes transportées hors de leur climat sont sujettes à varier sur cet article. Plusieurs plantes vivaces dans les pays chauds deviennent parmi nous annuelles, et ce n'est pas la seule altération qu'elles subissent dans nos jardins ; de sorte que la botanique exotique étudiée en

Europe donne souvent de bien fausses observations.

Volubiles. Les plantes ainsi nommées sont celles dont la tige s'entortille autour des corps qui les avoisinent, tantôt de droite à gauche et d'autres fois de gauche à droite; cette disposition est si naturelle aux différentes espèces de ces plantes, qu'on les ferait périr plutôt que de les forcer à en prendre une contraire.

Volve, enveloppe radicale de plusieurs espèces de champignons.

Vrilles ou *Mains*, espèces de filets qui terminent les branches dans certaines plantes, et leur fournissent les moyens de s'attacher à d'autres corps. Les vrilles sont simples ou rameuses : elles prennent, étant libres, toutes sortes de directions, et lorsqu'elles s'accrochent à un corps étranger, elles l'embrassent en spirale.

TABLE.

FIN.

443. Pour tous les emplois du pouvoir exécutif, chacun des chefs des divers départemens devra choisir, parmi les citoyens qui, aux termes des art. 440 et 441, auront obtenu, pour le moins, un tiers des voix viriles, ceux qui doivent occuper les emplois qui se trouvent sous l'immédiate direction dudit chef.

---

(1) Man. du cit., § 47. — Droit publ., I, p. 292. — Proj. de l. organ., I, p. 147, art. 192 et suiv.

(2) Man. du cit., § 239. — Proj. de réf., art. 272.

COLLECTION

DES MEILLEURS OUVRAGES

FRANÇAIS ET ÉTRANGERS.

Liste des ouvrages en vente.

Ouvrage	Vol.
Pierre Corneille.	4
Thomas Corneille.	2
Racine.	4
Molière.	10
Boileau.	2
La Fontaine.	2
Fénelon. Télémaque.	2
La Bruyère. Caractères.	[illegible]
Bossuet. Oraisons funèbres.	1
— Histoire universelle	5
Massillon. Petit Carême.	1
Montesquieu. Grandeur des Romains.	1
— Lettres persanes.	2
Fléchier. Orais. funèbres.	1
Florian. Fables.	1
— Estelle et Némorin.	1
J.-J. Rousseau. Lettres sur la Botanique.	1
Voltaire. La Henriade.	1
— Charles XII.	2
Lesage. Diable boiteux.	2
— Gil Blas.	[illegible]
Bernardin de Saint Pierre.	
— Paul et Virginie	1
— Études de la Nature.	2
Saint Réal. Conjuration de Venise.	1
Fontenelle. Pluralité des Mondes.	1
La Rochefoucauld. Maximes.	1
Vertot. Révolution de Portugal.	1
Delille. Géorgiques.	1
Madame de Graffigny. Lettres d'une Péruvienne.	1
Madame de Sevigné. Lettres choisies.	4
Girault. Astronomie simplifiée.	1
Swift. Voyages de Gulliver.	2
Sterne. Voyage sentimental.	1
Foë. Robinson Crusoé.	2
Fielding. Tom Jones	4

Ouvrages qui feront partie de la collection.

L. Racine. — Vertot. Révolution romaine. — Rousseau, Émile, la Nouvelle Héloïse. — Voltaire, chefs-d'œuvre dramatiques, Siècle de Louis XIV, Histoire de Russie, etc. — Pascal, Pensées. — Marmontel, Bélisaire, les Incas. — Barthélemy, Anacharsis. — Fénelon, Dialogues des Morts — Essais de Montaigne. — Chénier. — Crébillon, Gilbert. — J.-B. Rousseau. — Regnard. — Oraisons de Bourdaloue — Don Quichotte.

www.ingramcontent.com/pod-product-compliance
Ingram Content Group UK Ltd.
Pitfield, Milton Keynes, MK11 3LW, UK
UKHW022018170726
13837UKWH00001B/269

9 782329 584577